ITアーキテクトはA3用紙に図解する

NTTデータ 春田 健治 著

日経BP社

まえがき

職人気質のエンジニア、ノウハウ継承に課題

　日本のシステム開発や保守維持の品質は高いことが知られています。その品質の高さを支えているのは間違いなく現場のエンジニアです。一方で、エンジニアのノウハウは暗黙知となっており、世の中に数多く出版されているノウハウ本には書かれていません。

　また、職人気質のエンジニアが少なくなく、開発プロジェクトの現場では、そのノウハウ継承に課題を感じられている方もいるのではないでしょうか。

　いわゆるノウハウ本には、ITエンジニアが身につけるべきプロジェクトマネジメントのスキルや、技術的なスキルが教科書的に「べき論」として書かれています。「べき論」であるがゆえに、その内容は開発プロジェクトの現場ですぐに役立つものではないように感じます。

　本書はそういう状況を踏まえ、あえてITエンジニアが備えるべきスキルを教科書的に体系立てて書いていません。これま

まえがき

でに携わってきた開発プロジェクトの現場で、筆者が「具体的に実践していること」と「その理由」を実例も交えながら書いています。コスト、納期といった様々な制約がある開発プロジェクトにおいて、効率良く、所定の要件を満たし品質を確保するためのノウハウです。

　最初は「何でそんなことをするんだろう？」と疑問に思うかもしれません。そうしたことも本書を読み終わる頃には「なるほど」と理解できるはずです。また、実例は複数のサブシステムを組み合わせて構築された、大規模システムをベースにしていますが、「具体的に実践していること」と「その理由」は、どのようなシステムにも当てはまると思います。

　若手のエンジニアの方には、「具体的に実践していること」を理由も含めて理解することで、開発プロジェクトでの日々の業務に役立ててほしいです。

　また、後進の育成を担当するエンジニアの方にとっては、「具体的に実践していること」はご自身が実践されていることと重なるかもしれませんが、「その理由」を参考に、背景を改めて認識し、後進の育成や動機づけに活用してもらえるとうれしいです。

キャリアの大半をITアーキテクトとして歩む

　筆者の経歴を簡単に紹介します。20数年にわたりITの世界で過ごし、その大半をITアーキテクトとして歩んできました。30代前半の頃から、大規模プロジェクトに本格的にITアーキテクトとして関わっています。初めて担当した大規模プロジェクトは勘定系共同システムの更改プロジェクトで、企画、提案からリリースまで全工程を担当しました。役割は基盤系開発グループのチームリーダーでした。

　このプロジェクト終了後は、別の勘定系共同システムの更改プロジェクトを担当し、試験計画、システム移行計画の立案を推進するグループのリーダーを担いました。その後、再度初めて担当した大規模プロジェクトに戻り、次のシステム更改プロジェクトを企画、提案からリリースまで担当しました。役割は、企画、提案の責任者、基盤系開発グループのリーダーです。

　経歴のほぼすべてで、勘定系共同システムの大規模システム更改プロジェクトを担当してきましたが、いずれも業務機能追加と基盤再構築を伴う開発プロジェクトです。本書はこれらシステム更改プロジェクトの現場において、筆者自身が実践してきたことを開発プロジェクトの工程に沿ってまとめています。

5

まえがき

キーワードは「A3用紙」

　本書にまとめたノウハウのキーワードは「A3用紙」です。日々実践していることを振り返ってみると、すべての工程においてA3用紙に図解していました。企画や提案においてお客様に選択肢を提示するとき、要件定義やシステム基盤設計において機能配置・処理方式を検討するとき、システム基盤構築のスケジュールを立てるとき、システムテストの範囲を確認するとき、これらすべてにおいてA3用紙に図解しています。

　プロジェクトの遂行に当たっては、対顧客、対プロジェクトメンバーのどちらとも共通認識を持つことが重要です。その目的を達成するためには、A3用紙を活用して視認性を高め、「見える化」することを基本としています。

本書の内容

　本書の内容は、3つに大別されます。

　まず1章「ITアーキテクトの醍醐味」で、開発プロジェクトにおいて、ITアーキテクトとしてどういった点を醍醐味だと感じているのかを説明します。以降の章の取り組みのベースとなる考えです。

次に2章〜8章で、背景であるITアーキテクトの醍醐味を踏まえて、開発プロジェクトの工程ごとに「具体的に実践していること」と「その理由」を実例も交えながら説明します。

　最後の9章「ITアーキテクトの心得」では、開発プロジェクトの工程によらず、ITアーキテクトとして普段から心がけていることを説明します。

　なお、本書では筆者自身のことを「私」と書き、読者の皆さんに語りかける文体を採用しています。

目次

まえがき ……………………………………………………… 003

A3 用紙に描く図の簡易サンプル ……………………………… 013

第 1 章　IT アーキテクトの醍醐味 ……………………………… 023

理想と現実のはざまにある「実現可能」な最良の提案

更地からシステムを作り上げる

プロマネと IT アーキテクトはプロジェクトの両輪

IT アーキテクトが最後の砦

第 2 章　提案のゴールは、お客様による「選択」 …………… 035

複数提案してその中から評価基準を見いだす

A3 用紙 1 枚に「比較表」を作る

「ハード更改」「前回同額」「理想形」「推奨案」の 4 案を準備

システム全体を「選択」してから、サブシステムを「選択」

ハード更改案と前回同額案の差を課題解決の原資に

理想形は不採用を承知で提案し、次回を見据える

費用を棒グラフで示し、面積で費用対効果をビジュアル化

運用コストをスコープに入れて試算

すべてを伝えることがお客様の理解を深めるとは限らない

「表」になっていない「表」に注意

第3章　要件定義での「見える化」 ································· 057

要件定義で設計した以上の品質は作れない
A3用紙に" 地図 "を描く
機能配置図で実装方法を「見える化」
見積もりに必要な未決定の要件は必ず「仮決め」する
想像しやすい順番で構築方針を考える
システム基盤の方向性は、多くの課題が出発点
処理「日付」に着目して運用パターンを「見える化」
要件定義書は極力少ないページ数にする

第4章　製品選定、導入方針の勘所 ···························· 075

絶対評価は難しい、複数製品を比べて評価基準が見えてくる
新バージョンの製品では「できなくなったこと」を確認
制約事項、トラブルをヒアリングして落とし穴を塞ぐ
製品は徹底的に使う
製品のファーストユーザーになるメリットもある
高性能なプラットフォームが必ずしも高価格とは限らない
製品選定においてもシステム移行を考慮する

目次

第5章　システム基盤設計のチェックポイント …………………… 091

図解しづらければ、改善の余地がある
ムダなパラメーターがないか
論理と物理の関係を意識した信頼性設計となっているか
システム全体の信頼性はファシリティーを含めて考える
オンラインとバッチでの資源の競合を考慮する
リカバリー機能を不必要に作り込んでいないか
時代とともに疎結合と密結合のバランスは変化する

第6章　システム基盤構築はストーリーを描く ………………… 107

システム基盤構築のストーリーをA3用紙に描く
面積（対象機器）と高さ（構成要素）で立体的に計画する
設置工事、環境構築をマスタースケジュールに記載する
機器を設置するだけでも考えることは山ほどある
ファシリティー要件の提示は長いリードタイムを意識する
「普通作ってあるだろう」と考えるのは厳禁
主幹となる作業チームを順次推移させる
システムパラメーターは必ず「現物」を基に設定する

第7章　システムテストの神髄は「再現性」………………………… 125

A3用紙にテスト範囲を描く
全ルートを網羅した「END　to　END」テストを実施する

テスト計画は工程ごとの再現性の高まりを確認する

実害がなければ問題にはならない

本番を再現できないから不具合を見つけられない

処理内容の割合によってシステム負荷が変動する

バッチデータの起源はマスターファイルと取引ログ

動かし続ければシステムの状態は変化する

同じスケジュールで動かさないと見つからない不具合

量と繰り返しに負けていないか確認する

システム移行を考慮したテスト項目を抽出する

外部システムとの接続確認は、変更レベルに応じて決定

テスト範囲の境界を重ねることでテスト漏れを防止

故障したハードウエアは交換できますか?

最後はお客様に運用してもらうこと

第8章　システム移行の鍵は計画の具体化と品質の積み上げ… 155

システム移行計画も A3 用紙で

置き換える範囲と使い続ける範囲をまずは明らかにする

システム移行は 3 つの視点で考える

要件定義工程から移行計画の検討を開始する

移行リハーサルで全手順の確認を目指す

サブシステム間の接続ルートを網羅し、切り替え方式を検討

システムテストと移行リハーサルの両面で移行本番を想定

パラメーターと DB では異なるデータ移行となる

特別な運用は見落としやすい

目次

移行テストと本番では日付が異なる
移行リハーサルでは、体制・連絡ルートの妥当性も確認
作業時間の検証を通じてチェックポイントを確定
移行リハーサルごとの到達点を明確化して品質を積み上げる
段階移行が必ずしもリスク軽減になるとは限らない

第9章　IT アーキテクトの心得 ……………………………………… 179

ドキュメントに残せばすべて伝わるわけではない
何よりも「わからない」ことに対してお客様は怒る
わからなければマシンに聞いてみる
課題と技術動向の両方をストックしてひも付けする
技術者としての悔しさをバネに成長する
自身の成長と担当するシステムの成長をシンクロさせる
目利き力を養う
IT アーキテクトは町医者

あとがき ……………………………………………………………… 196

A3用紙に描く図の簡易サンプル

(1)「システム構成比較表」
　　　企画／提案フェーズ(第2章)

(2)「課題マップ」
　　　要件定義フェーズ(第3章)

(3)「機能配置図」
　　　要件定義フェーズ(第3章)

(4)「処理方式図」
　　　システム基盤設計(第5章)

(5)「システム基盤構築ストーリー」
　　　システム基盤構築(第6章)

(6)「テスト範囲図」
　　　システムテスト(第7章)

(7)「システム移行ストーリー」
　　　システム移行(第8章)

(8)「接続切り替え概要図」
　　　システム移行(第8章)

A3用紙に描く図の簡易サンプル

（1）システム構成比較表

		ハード更改案	前回同額案	理想案	推奨案
特徴		・・・	・・・	・・・	・・・
システム構成		SV#0（X X 機能）／SV#1（○機能）	SV#0（X X 機能）／SV#1（機能）	SV#0（X X 機能）／SV#1（機能）／SV#2（機能）	SV#0（X X 機能）／SV#1（機能）
××機能		○・・・	○・・・	○・・・	○・・・
○○機能		○・・・	△・・・	○・・・	○・・・
△△機能		×・・・	△・・・	△・・・	△・・・
□□機能		×・・・	×・・・	○・・・	○・・・
非機能		○・・・	△・・・	○・・・	○・・・
リスク		○・・・	△・・・	○・・・	△・・・
コスト		××百万	××百万	××百万	××百万

(2) 課題マップ

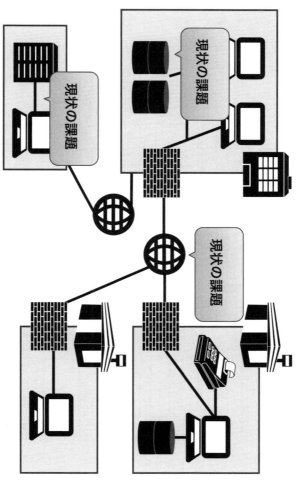

A3用紙に描く図の簡易サンプル

（3）機能配置図

基幹系業務機能

メインフレーム
- 基幹系業務オンライン
- 基幹系業務バッチ
- 業務データ
- 共通SR
- DBMS
- バッチスケジューラミドル
- 運用監視ミドル
- 運用制御基盤アプリ
- 運用制御ミドル
- 運用定義体
- 通信制御基盤アプリ
- 通信制御ミドル
- 通信定義体
- データ連携定義体
- メインフレームOS

UNIXサーバー（通信制御）
- 運用制御基盤アプリ
- 通信制御ミドル
- 運用監視ミドル
- データ連携ミドル
- UNIX

○○機能

Linuxサーバー
- Linux業務アプリ
- ○○機能業務アプリ
- ○○機能基盤アプリ
- 業務データ
- 管理用ファイル
- OOPKG
- DBMS
- バッチスケジューラ
- データ連携定義体
- Linux

業務系アプリケーション
基盤系アプリケーション
ミドルウエア
OS

(4) 処理方式図

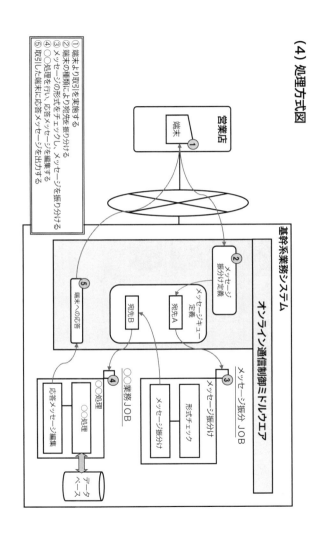

① 端末より取引を実施する
② 端末の種類により宛先を振り分ける
③ メッセージの形式をチェックし、メッセージを振り分ける
④ ○○処理を行い、応答メッセージを編集する
⑤ 取引した端末に応答メッセージを出力する

A3用紙に描く図の簡易サンプル

(5) システム基盤構築ストーリー

基本線表		2016年				2017年			
		1Q	2Q	3Q	4Q	1Q	2Q	3Q	4Q
マスタースケジュール			設計		製造/単体/結合テスト		システムテスト	受入テスト	
設備工事	1次工事		設備設計	設置工事					
	2次工事				設置工事				
○○サーバー				環境構築		基礎環境検証			
△△サーバー			ハードウェア構成設計	システム構成設計	環境構築	基礎環境検証			
□□サーバー				ハードウェア構成設計	システム構成設計	基礎環境構築	基礎環境検証		
ネットワーク				ネットワーク設計	回線敷設 ◆	疎通確認			

(6) テスト範囲図

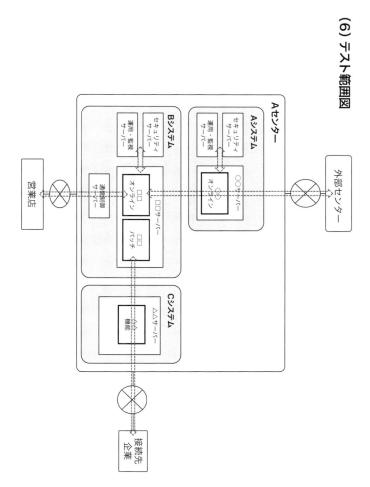

A3用紙に描く図の簡易サンプル

(7) システム移行ストーリー

基本線表		2016年				2017年			
		1Q	2Q	3Q	4Q	1Q	2Q	3Q	4Q
移行イベント		移行リハ1	データ移行	移行リハ2	データ移行	移行リハ3	データ移行		
現行システム		現行差分反映		現行差分反映		現行差分反映			
次期システム	業務資源	商用定義反映	資源凍結				資源凍結		
	基盤資源			本番構成確定		本番構成確定			
	OS／PP ハードウェア								
ネットワーク	ネットワークA	敷設	増速						
	ネットワークB	敷設							
	ネットワークC	敷設							
端末	共通			設置工事	プログラム反映				
	サーバー（更改）			疎通確認	運動確認	疎通確認		事前移行	
	サーバー（継続）			疎通確認	運動確認	疎通確認			

(8) 接続切り替え概要図

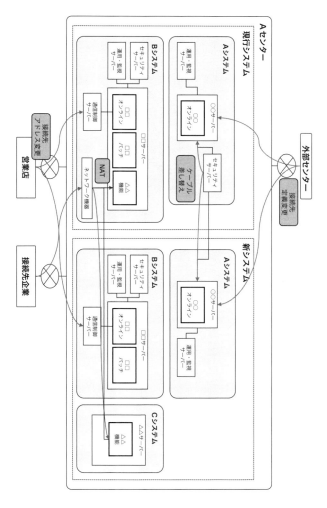

第 1 章

ITアーキテクトの醍醐味

第1章 ITアーキテクトの醍醐味

理想と現実のはざまにある
「実現可能」な最良の提案

　ITアーキテクトの醍醐味は、理想と現実のはざまで、実現可能な最良のアーキテクチャーを提案することです。「実現可能な」というところがポイントで、要は「動いてなんぼ」だと思っています。

　保守性の高い理想的なアーキテクチャーを机上で考えたとします。例えば、拡張性を考慮した疎結合なモジュール構成で、部品化も進んでいる。しかし、そのアーキテクチャーのシステムを実際に動かしたとき、モジュール呼び出しに伴うオーバーヘッドが非常に大きく、マシン性能に見合わなければ、性能要件を満たすことができません。つまり、動くシステムにはなりません。

　また、お客様から「素晴らしい機能だ」と言ってもらえたとしても、そのシステムを構築するのに必要なコストがお客様の想定している投資額の10倍であれば、結局作ることができず、これも動くシステムにはなりません。

　理想を追求しつつも、現実問題として実現可能なアーキテクチャーを提案する。そして、お客様がそのアーキテクチャーに

24

メリットを感じて投資承認し、本当に動くシステムを構築する。これがITアーキテクトの仕事であり、同時にやりがいを感じる理由でもあります。

　新しい技術は積極的に採用すべきですが、最新の技術をふんだんに採用したシステムが最良かというと、それは違うと思います。システムは、求められる特性に応じて重視すべき品質要素が変わります。私が担当することの多い大規模ミッションクリティカルなシステムでは、品質と信頼性が重要視されます。それらを保証するために、根幹となる部分には"枯れた"アーキテクチャーを採用するのが基本的な考え方です。

　一方で、大規模ミッションクリティカルなシステムであるからすべて枯れた古い技術がよいかというと、それも違うと思います。大規模ミッションクリティカルなシステムであっても、部分的に新しい技術を取り入れることで、拡張性の向上を考えなければなりません。

　この2つのバランスを取ることは非常に難しいことですし、その時のビジネスの状況や制約にも左右されます。しかし、こうした難しい課題に立ち向かえるのは、ITアーキテクトの楽しみの1つだと思います。

第1章　ITアーキテクトの醍醐味

ITアーキテクトは確実に「動く」システムを作る。そこにこだわるべきだと思います。そう考えたとき、考慮すべき大事な点がもう1つあります。それは「移行」です。

最近では、まったく新規にシステムを作ることはほとんどないと思います。何かしら動いている現行システムがあって、それを新しいシステムに更改するのが一般的だと思います。現行システムから新システムに確実に移行できるかどうか、そこにあるリスクを見極めて一つひとつ解決していくことが求められます。例えば、データベースの構成が大幅に変更されれば、データ移行に大きなリスクを抱えるかもしれません。そうしたシステム移行に伴う問題をクリアするのも、ITアーキテクトの大きな仕事です。

移行の範囲は、システムだけではありません。システムに関わる事務手続きや運用手順なども含まれます。現実的な手順なのか、手続きの変更に伴い現場が混乱しないか。そういった面も確認しないと、「動く」システムにはなりません。

更地からシステムを作り上げる

システム開発に従事する人の多くはアプリケーション開発に携わっていると思いますが、アプリケーションを作っただけで

はシステムになりません。システムとして完成させるには、アプリケーションを動かす「システム基盤」が必要です。基盤の構築に責任を持つのはITアーキテクトであり、その仕事は「更地の状態から構造物を作り上げる」感覚です。

　まず、何もないマシン室にハードウエアを設置します。そして、そのハードウエアにOS、ミドルウエア（ソフトウエア製品）などをインストールし、パラメーター設定やデータベース割り当てなどの環境を構築し、アプリケーションやJCLなどを整えます。こういった作業を順々に実施していく必要があります。

　何もないところに構成要素を持ち込んでシステムを組み上げる。こうした作業はやってみるとわかるのですが、大変でもあり、面白くもあります。

　当然ながら、非常に広範囲な知識を求められます。例えば、ハードウエアは電気を使って動作するので発熱します。そうした熱は様々なモノに悪影響を与えることがあります。大規模なシステムであればSEの領域だけでなく、電力、空調といったファシリティー面の知識も要求されます。

　ファシリティー、ハードウエア、ミドルウエア（ソフトウエア製品）、アプリケーション、JCLなど、システムを構成する様々

27

第1章　ITアーキテクトの醍醐味

な要素を漏れなく検討し、その構築方針を明確化する。それは困難なことですが、開発プロジェクトにおいては誰かがこれをなし得なければ、実際に動くシステムを構築できません。これはITアーキテクトに最も期待される役割であり、また、醍醐味でもあります。

プロマネとITアーキテクトはプロジェクトの両輪

　システム構築は「プロジェクト」として進め、求められる品質（Quality）のシステムを、決められたコスト（Cost）と納期（Delivery）で仕上げます。そうしたプロジェクトのQCDを保証する最終責任者は、間違いなくプロジェクトマネジャー（プロマネ）です。

　私の持論ですが、プロジェクトマネジメントは「人」のマネジメントだと思います。メンバー（人）が実施する個々のプロセスを確立し、そのプロセスを実行した結果を管理することで、人が行う作業の誤差をなくして品質につなげる。これがプロジェクトマネジメントの基本的な考え方であり、それに責任を負うのはプロジェクトマネジャーです。「人」のマネジメントなのだから、プロジェクトマネジャーが最も気にかけるのは、最も多くの人が関わる「アプリケーション開発」になります。

しかし、システムはアプリケーションを作っただけでは動きません。更地からシステム基盤を組み上げ、そこにアプリケーションを配置してやっと動くのです。プロジェクトを成功させるには、アプリケーション以外の要素もプロジェクト計画に組み込まないといけません。例えば、非機能要件も含めたテスト計画、システム基盤の構築スケジュール、テスト環境の整備など、他にもたくさんあります。これらをすべてプロジェクト計画に織り込むのです。

　私の経験上、システム開発プロジェクトのクリティカルパスは、アプリケーション開発ではなく、システム基盤になることが多いです。クリティカルパスは全体のスケジュールを左右する重要な経路のことなので、システム基盤に関わる計画を入念に準備して進めなければ、その影響はプロジェクト全体に及びます。

　アプリケーションを開発すればテストが必要で、そのテスト期間に間に合うようにシステム基盤を整えておくことが求められます。アプリケーション開発のスケジュールとシステム基盤に関わるスケジュールの整合を取らねばなりません。

　このようなシステム構築全体を俯瞰したスケジュールを考えるのはITアーキテクトです。基本的には、プロジェクトマネ

第1章　ITアーキテクトの醍醐味

ジャーはITアーキテクトが作成したスケジュールに基づいて「人」をマネジメントするのです。

　前述したように、プロジェクトマネジャーが最も気にかけるのはアプリケーション開発であり、気にかけていると自ずと業務アプリケーションについての理解が深まります。理解している分野であればマネジメントは機能します。

　逆に言えば、深く理解していない分野はマネジメントが有効に機能しづらく、そのリスクを回避するために、ITアーキテクトはシステム基盤分野をプロジェクトマネジャーにわかりやすく説明し、理解を深めてもらうことが必要です。これもITアーキテクトの重要な役割です。

　プロジェクトのQCDに責任を持つのはプロジェクトマネジャーですが、ITアーキテクトはその参謀役であり、車の両輪です。つまりそれは、プロジェクトの推進においても「基盤」の役割を果たすことなのかもしれません。

ITアーキテクトが最後の砦

　個々のシステムには、多かれ少なかれ、絶対にこれだけは守らなければならない「原理・原則」があります。そうした原理・

原則を守らないと、様々なトラブルや問題を引き起こします。例えば、業務アプリケーションの開発者がコーディング規約を順守しなかったために、複数のモジュールで共有する領域を破壊してしまうといったトラブルや、同一機能なのに既存の処理方式とは別の処理方式を採用したため、複数の処理方式が混在して運用が煩雑になってしまうといった問題があります。

こうした問題が起こらないように、ITアーキテクトは"世界の警察"となり、プロジェクトメンバーに原理・原則を順守させなければなりません。そうやって、システムの設計思想を一貫させるのです（**図1-1**）。

しかし、影響範囲を局所化するといった理由から、機能を追

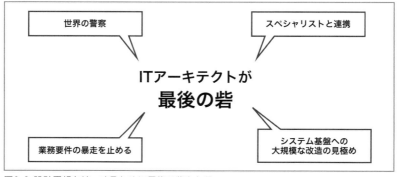

図1-1 設計思想を統一するために最後の砦となる

第 1 章 IT アーキテクトの醍醐味

加する際、この原理・原則の適用が難しい場合も想定されます。

　こういった場合は、一旦は許容し、次のシステム更改のタイミングで本来あるべき状態に是正するように取り組みます。同様に、変更や追加により複雑性の増したシステムを更改のタイミングで再構成し、メンテナンス性やパフォーマンスの低下を抑止する。このようにして、設計思想の一貫性を担保します。

　IT アーキテクトは、トラブル解決においても重要な役割を担います。単一分野で起こったトラブルであれば、その分野のスペシャリストが解決してくれます。でも、厄介なトラブルは、たいてい複数分野にまたがっていて、原因がどこにあるのか見つけづらい。こうしたトラブルは、プロジェクトの中にいるいろいろな人が原因究明を試みても解決できず、最後に IT アーキテクトに回ってくることが多いと思います。

　IT アーキテクトはそこで逃げ出さず、原因究明を試みたスペシャリストたちと連携して解決の糸口を見いだします。問題が複雑であればあるほど、それを解決したときの達成感は何物にも代えられないと思います。IT アーキテクトがすべてを知る必要はないですが、複数分野の調査結果に横串を通し、その因果関係を明らかにするスキルが求められます。

32

プロジェクトの途中で発生した様々な問題を解決するために、システム基盤の改修を求められることがあります。プロジェクト途中での基盤の大きな変更は、品質面のリスクから基本的には避けるべきです。しかし、システム基盤の改修がベターな解決策だとすれば、検討せざるを得ません。そうした場合、リスクとメリットを見極め、大規模な改修を実施するか否かを判断するのは、ITアーキテクトの大事な役割です。

　ITアーキテクトは基本的には技術屋です。だからといって、業務を知らなくてもよいわけではありません。最後の砦の役割を果たすには正確な判断基準を持つ必要があり、そのために業務知識が絶対に必要です。担当するシステムが実装している業務機能の概要レベルを確実に抑えておく必要があります。

　ITアーキテクトは、業務アプリケーションの開発担当者から寄せられる要望を的確に捉え、共通モジュールを準備します。時には、「ああしたい、こうしたい」といった様々な要望の暴走を止めることもあります。業務知識をある程度知っていないと、業務アプリケーションの開発担当者とのコミュニケーションがままならず、業務と基盤の両方を含む、システム全体を捉えた最適策を導き出すことができません。

　業務アプリケーションの開発担当者と敵対するのではなく、

第1章　ITアーキテクトの醍醐味

業務要件を踏まえた上で、「こういうことを実現したいなら、この処理方式でないとシステム全体としての動作が保障できない」といった、前向きな提案をします。そのためにも処理方式と関連付けた業務知識が必要です。

第 2 章

提案のゴールは、
お客様による「選択」

第2章　提案のゴールは、お客様による「選択」

　2章以降はシステム開発プロジェクトのフェーズ順に、ITアーキテクトとして大事な取り組みや考え方を紹介します。想定するのは、ハードウエアの保守期限切れに合わせて、業務機能追加や基盤再構築を伴うシステム更改を図るプロジェクトです。

　2章はシステムの企画・提案フェーズ。このフェーズは、お客様自身による「選択」がポイントです。

複数提案してその中から評価基準を見いだす

　「お客様が要件を決めてくれません」「お客様自身が具体的にどうしたいのか、よくわかっていないようです」。こういったことをよく聞きます。これは、お客様の中に、決めるための「評価基準」がないからです。それを理解すれば、企画・提案フェーズで何をすればよいかが見えてきます。

　やってはいけないのは、決め打ちで1つの案だけを提案することです。1案だけ示して「これでどうでしょう」と言われても、お客様はそれが良いのか悪いのか判断できず、納得してその案を「選択」できません。例えば、皆さんが洋服を買いに店に行き、その店に1つだけ洋服が展示してあったとします。皆さんは、その洋服を買いますか？買いませんか？　普通は、なかなか決められないと思います。納得して選択するには、複数の選択肢

と、選択肢の中から選ぶ「評価基準」が必要です。

　評価には相対評価と絶対評価がありますが、絶対評価は非常に難しく、相対評価であれば比較的容易にできます。洋服店の例で言えば、3つの服があり、それぞれ色も形も素材も違えば、「色はこれがいいな」「このシルエットがカッコイイ」「素材はこれがいいよね」と、そこで初めて色、形、素材を組み合わせた、具体的に欲しい服のイメージが固まるのです。つまり、「色」「形」「素材」という評価基準が生まれます。

　評価基準がはっきりすれば、それを基に個々の案を相対的に評価し、より良い案に絞り込んでいきます。これが現実的な方法です。絞り込んでいく際、システム開発では複数案の良いところを組み合わせることもできます。

　お客様に納得して選択してもらうには、複数の提案をして評価基準を合意形成し、その上で、お客様とともに決定プロセスを回します。こうしなければ、決まるものも決まりません。

A3用紙1枚に「比較表」を作る

　私は常に複数案を提示します。そして、それらを比較できる「システム構成比較表」(**「A3用紙に描く図の簡易サンプル」p.14参照**)

第2章　提案のゴールは、お客様による「選択」

を、「A3用紙」1枚にまとめます。比較表の横軸には提案を並べ、
縦軸に「機能」「非機能」「コスト」といった項目を示します。
これが評価基準になります。

　大事なことは、各案を評価基準に即して比較できるように、
視認性を高めることです。表の中には簡単なシステム構成図も
含めた、具体的な実現内容を折り込みたいです。だからこそ、
「1枚のA3用紙」にまとめるのです。そうすれば、視認性と具
体性をほどよくバランスしたものになります。

「ハード更改」「前回同額」「理想形」「推奨案」の 4案を準備

　では、どんな提案を用意すればいいのでしょうか。やみくも
に考えてもうまくいきませんし、同じような提案が複数あって
も意味がありません。私の場合、4つの基準で提案を考えます（**図
2-1**）。

　第1案は「ハード更改案」。必要最小限のコストに抑える案
です。機能は現行システムのままで、保守期限となったハード
ウエアを現行システムと同等スペックのものに交換する案です。
保守期限となったミドルウエア（ソフトウエア製品）も、併せ
て最新のものにバージョンアップする必要があるため、その非

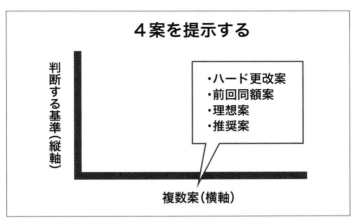

図2-1 企画・提案では必ず複数案を準備する

互換の対応と必要最小限のテストを実施します。ハードウエアは時間の経過とともに価格性能比が向上するので、現行システムと同等の処理性能であれば、ハードウエア費用に関しては前回よりも低コストで済みます。この金額が、コストという評価基準のベースラインになります。

　第2案は「前回同額案」。前回のシステム更改の費用と同じぐらいのコストをかける案です。処理性能は現行システムと同じとするとハードウエアの調達コストは下がるので、その下がった金額を原資に、機能追加をする案です。別の見方をすれば、前回のシステム更改の費用をかければ、どの程度の機能追加が

第2章　提案のゴールは、お客様による「選択」

できるのかをお客様に把握してもらう案とも言えます。

　第3案は「理想形」。コストを度外視した、技術視点の理想案。実現できるあらゆる機能をシステムに盛り込み、言ってみれば、技術者としての理想形を追求した案です。

　最後の第4案がITアーキテクトとしての「推奨案」です。現行システムの課題や技術の進化を鑑みた、ITアーキテクトとしてのお薦め案。この推奨案のコストが前回同額案に近いか理想形に近いかは、その時のお客様のビジネスの状況や制約を考慮して決めることになります。

　推奨案だけを提案し、「これに決めてください」と言ってはいけません。1案しかないと評価基準がないので、いいのか悪いのか判断できません。推奨案だけを提案するのではなく、「それ以外にもこういう案があります」と横に並べることで評価基準が生まれ、その評価基準に即して推奨案を判断できます。

　また、推奨案をベースに、部分的に他の案を取り入れ、推奨案を発展させることもできます。このように、お客様と推奨案を煮詰めることができれば、お客様の納得感を高めることができるし、要件がなかなか決まらない、といった事態を防ぐこともできます。

40

システム全体を「選択」してから、
サブシステムを「選択」

　一般的なシステムは、複数のサブシステムの組み合わせで、1つの大きなシステムが構成されています。例えば、私が担当するシステムは、基幹系業務を担うメインフレームと、関連業務を担うオープン系サーバーで構築された複数のサブシステムで構成されています。

　こういったシステムをサブシステム単位で更改する場合、システム全体の構築方針を合意した後で、サブシステムの構築方針を合意する。この順番で進めると、サブシステムを更改しても全体の方針（グランドデザイン）がぶれなくなります。

　もし、システム全体の構築方針を明確にせずに、サブシステムの更改を進めるとどうなるでしょうか。例えば、最新技術を導入して処理方式を変更するとなった場合、その処理方式に変更することによるリスクへの許容度に依存しますが、基本的には技術の採用可否は各サブシステムの担当者に委ねられます。そこに、明確な判断基準はないままとなります。

　枯れた技術と最新技術をバランスさせ、サブシステムの特性に応じて適材適所で採用していくことが理想です。この理想に

41

第2章　提案のゴールは、お客様による「選択」

近づくには、システム全体で考えることが必要です。

　例えば、基幹系のAシステムはほとんど機能追加がないので、信頼性を重視して枯れた技術を採用する。最近構築したBサブシステムは機能追加が頻繁にあり、拡張性に課題があるので思い切って新しいアーキテクチャーに変更する。こういったことはシステム全体を見渡した上で、サブシステムの特性を基に導入技術を選ぶべきです。

　サブシステムの担当者が「処理方式変更の必要性はない」と判断した場合でも、システム全体で見た場合、「そのサブシステムではリスクを取って処理方式を変更し、新しい技術を戦略的に活用する」といった判断がなされることもあります。

　全体のシステム戦略に即して、現行ベースで安定性を求める範囲（サブシステム）、大幅に変更して将来を見据えたシステム基盤への刷新を図る範囲（サブシステム）などと色分けし、その範囲をまずお客様に「選択」してもらいます。

　システム全体としての構築方針をお客様に「選択」してもらった上で、個々のサブシステムについて、そのサブシステムの構築方針に沿った複数の構築案を提示して「選択」してもらう。そうすればシステム全体の方針が徹底され、システム更改で崩

れることはありません。

ハード更改案と前回同額案の差を
課題解決の原資に

　システムの適正価格はお客様にとって見極めるのが難しく、何かしらのベンチマークが必要なことは言うまでもありません。汎用的に使える方法ではないかもしれませんが、私が実践している方法を紹介します。

　私は金融系の大規模システムに関わっており、そのシステムはハードの保守切れに伴い、数年ごとにシステム更改を繰り返します。このような状況であれば、システム更改費の目安は「前回の更改費用」になります。

　ただ、システム更改するのであれば、現場で起こっている課題をシステムで解決したいと思うものです。では、この課題解決の原資をどのように考えればいいでしょうか。

　私の場合、「前回の更改費用」を軸に、機能も処理性能も現行システムと同じにした場合の差額を議論のスタートにします。ハードの価格性能比は向上するので、前回と同じ性能ならハードにかかる費用は下がります。「その下がった費用で、課題解

43

第2章　提案のゴールは、お客様による「選択」

決を図りませんか」といったところから議論を始めるのです。例えば、前回のシステム更改費用は1000万円で、同等のハードに更改する費用が800万円なら、200万円を機能改善に割り当てることができます。あくまでも議論のスタートですが、200万円がどこから出てきた金額なのかが明確であることがポイントだと思います（**図2-2**）。

　特に経営層の方であれば、機能とコストはセットで議論する必要があります。やみくもに理想的な機能を提案しても、そのメリットだけを見て「じゃあやりましょう」とはなりません。例えば、機能改善を提案して、Aの改善とBの改善を実施する

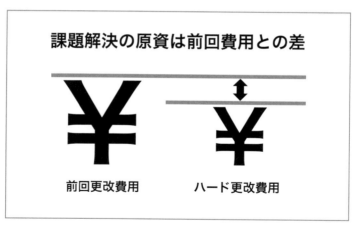

図2-2 どこから出てきた金額なのかを明確にする

と費用は500万円です。といったとき、この500万円がシステム更改の全体の費用の中でどう位置づけられるのかがお客様にはわかりませんし、それ自体が高い、安いということも、実はお客様は判断できないのではないかと思います。

　だから、前回の費用を目安にして、その範囲で収まることを前提に機能改善するならば、何ができるのかをお客様自身で見極めてもらいます。そして、もっと機能改善したいのであれば、もう少し費用をかける。逆にそこまで必要ないのであれば、もう少し費用を減らす。こういう調整をお客様自身でできるようにしていくことが大事だと思います。

　ITアーキテクトとしては、課題解決の原資を捻出するために、現状と同じ構成でのシステム更改だけでなく、仮想化を利用したサーバー集約などのシステム構成上の工夫も検討すべきです。

　捻出した原資以上の機能改善が必要か否かによらず、単純にマシン交換した場合の費用試算だけでなく、システム構成的に工夫した場合のハードウエア調達費の試算も併せて実施すべきです。単純なマシン交換だけを検討して「これだけしか捻出できない」とするのではなく、前回の費用をアッパーとして考えながら、機能改善の増減とシステム構成上の工夫の両面でお客様と調整していくことが必要です。

第2章　提案のゴールは、お客様による「選択」

理想形は不採用を承知で提案し、
次回を見据える

　提案の1つとして、理想形を追求した案を検討することは既に書きました。しかし、この理想の案は恐らく採用されません。

　採用する技術が枯れていなければリスクは非常に高いため、お客様が他社に先駆けた先進的なシステムを望まない限り、この案を選択されることはまずないです。では、採用されないことを承知で提案するのはなぜでしょうか。

　それは、お客様と長期的な関係を築くには、自社の技術力や提案力を示すことも必要だからです。「こういった先進的なシステムもお願いすれば作れるんだね」「技術力を持っているんだね」という印象をお客様に持ってもらう。企画・提案フェーズにおいてやらなければならないことだと思います。

　今回は「時期尚早だ」と判断された構築案も、技術が枯れてくれば、次の更改においては有力な案になります。より長期的なお客様との関係を望むのであれば、こういった取り組みを通じて、技術動向に関する知見をアピールするとともに、次の更改を見据えた仕込みも考えるべきです。

技術的に理想の案を提案すると、箸にも棒にもかからず、まったく興味を示されないこともありますが、「ここは将来的には変えていきたいよね」と部分的にお客様が反応を示すことがあります。反応を示した箇所は、次のシステム更改に向けて改良すべき箇所と言えるでしょう。

　次回、どこをどういうふうに深堀して検討していくのか、その範囲を見極めるためにも、理想の案を提案し、その反応を見て次につなげる。そんな取り組みが必要です。

　この取り組みを通じて、次の更改に向けて調査するべき技術動向の範囲がはっきりします。ITアーキテクトとしては、これから学ぶべき技術の方向付けができます。

　また、「選択」されなかった提案に対して、その理由をお客様と合意することも重要です。例えば、「最新の技術を適用すればこんなシステムを構築できるが、現時点では採用実績のない処理方式なので時期尚早である」「この処理方式にすればハード面のコストは下がるが、事務手続きや運用手順に大幅な見直しが必要となる」「この提案は、現時点では構築コストが想定を大幅に上回る」。こうした合意によって、「選択」したシステムへの納得感が高まります（**図2-3**）。

第2章 提案のゴールは、お客様による「選択」

図2-3 理想案は長期的な関係を踏まえて提案

費用を棒グラフで示し、面積で費用対効果をビジュアル化

　皆さんはシステム構築の費用を示すとき、どのようにしているでしょうか。私はよく棒グラフを描きます。なぜ棒グラフなのかというと、ビジュアル化することで費用の割合をお客様に理解してもらいやすくなるからです。見せ方によって、お客様の受け止め方は大きく変わるのです。

　例えば、保守期限切れに伴うシステム更改では、ハードウエ

48

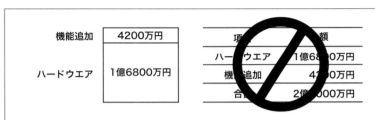

図2-4 棒グラフを使って費用対効果をビジュアルに見せる

アの入れ替えに合わせて機能強化を実施します。同スペックのハードウエアに入れ替えるなら、その費用は「新たな効果」を生み出さない必要最低限のコストであり、機能強化の費用が「新たな効果」を生み出すものです。仮にハードウエア費が全コストの8割、機能追加に要するコストが2割とします。

 それを単に数字で見せるのではなく、棒グラフで示せば、ハードウエア費と機能追加の割合は4対1であることが面積比で直感的にわかります。「最低限かかる費用(ハードウエア費)の4分の1のコストをかけて機能追加している」。この関係をお客様に直感的に理解してもらうために、費用の見せ方を工夫します(**図2-4**)。

 ITアーキテクトとして「これは機能追加すべき」と思っても、

第2章　提案のゴールは、お客様による「選択」

お客様の費用感と合わなければなかなか選択してもらえません。そんな場合、費用の見せ方を工夫するようにしています。私は、ハードウエア、ソフトウエアといったシステムの構成要素別の内訳を示すのではなく、課題解決ごとのコストの内訳を提示したことがあります。これも1つの方法だと思います。

運用コストをスコープに入れて試算

　前回のシステム更改費をベンチマークにすると説明しましたが、システム更改時にかかる初期コストだけでなく、システムライフサイクルを考慮し、その期間の運用コストも計算に入れるべきです。

　例えば、前回のシステム更改費が1000万円だったら、新システム構築の初期コストが1000万円でなければ、当然同額とはなりません。しかし、システム更改によりオペレーターが減って運用コストが下がるのであれば、それも含めて同額といった比較もできます。運用コストが年間200万円下がり、そのシステムを5年間使うなら、運用コストは、200万円×5年ですから1000万円の削減です。したがって、システムライフサイクル全期間で比較すれば、初期コスト2000万円で同額となります。

　これはオペレーションの効率化によるオペレーター費用の削

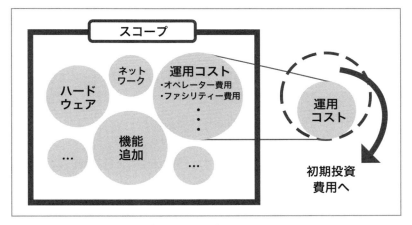

図2-5 システムライフサイクル全期間でコストを見る

減の例ですが、他にも、データセンターをお客様が所有されているのであれば、最新のハードウエアに置き換えることで、電力、空調などのファシリティー費用の削減も考えられます。ネットワークも同時に刷新するのであれば、ネットワーク費用の削減もあるでしょう（**図2-5**）。

このように、システム更改により改善する内容に応じて、比較するコストの範囲を広げることで、そのコストの削減分を初期コストに回すことが可能になります。また、お客様の経営層に対しては、TCO（Total Cost of Ownership）の視点で作った提案自体が1つの訴求力にもなります。

第2章　提案のゴールは、お客様による「選択」

　まずは初期コストだけで試算し、ハードウエア構成の工夫などでコスト削減を検討します。それでも機能追加の原資を捻出できなければ、「現行システムよりも安くできるところはないだろうか」という視点を持って、システムライフサイクル全体をスコープに入れて比較する。TCOの考え方でスコープを広げれば、コストの見え方も変わってきます。

　逆に、初期コストは下がっても、運用コストが上がれば、それはボディーブローのように効いてきます。初期投資額の確保だけでなく、予想外の運用コストの増加を防ぐためにも、提案時点での運用コストの試算は必須です。

すべてを伝えることが
お客様の理解を深めるとは限らない

　企画・提案フェーズでは、様々な製品情報や技術動向を調査した上で、その結果を基に資料を作成することがあります。そんなとき、皆さんは、調べたことのすべてをお客様に伝えようとしていないでしょうか。

　私は、たとえシステムに詳しいお客様に対してでも、自分で調べたことの2割ぐらいしか説明しません。10調べて、説明に使えるのは2ぐらい。もっと上の経営層レベルだと、恐らくそ

れは1割だったり、5％だったり、になると思います。

　誰を相手に何を説明したいのかを考え、その伝えたいことに関係しない情報を削除します。関係しない情報は、すべてムダな情報、雑音だからです。苦労して調査した場合、できるだけ多くのことを伝えたくなりますが、そこに落とし穴があります。「一生懸命調べたからわかってください」というのは自分勝手な考えで、説明したいことに対して関連することだけに絞らないと、説明を受ける側は混乱します。いっぱいいろいろなことを調べても、その中で説明に使う情報は2割ぐらいだろうと思います（**図2-6**）。

　これは私の上司から学んだことです。昔の話ですが、資料をレビューしてもらったとき、以下のようなやり取りを何度も繰

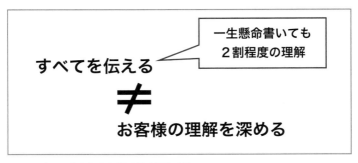

図2-6　すべてを伝えると聞く側は混乱する

第2章　提案のゴールは、お客様による「選択」

り返したことを思い出します。

「春田（私）、この資料で何が言いたいんだ」
「○○が△△だから、こうすべきと言うことが伝えたいです」
「それが資料に書いてあるか」
「・・・・」

　このころは資料作りに苦労していました。ようやくできた2枚の資料を上司に見せると、「あの情報が足りない」「この情報も足りない」と指摘され、それを調べて資料に追記すると、今度は「この情報は関係があるのか」「この情報を書くと混乱させるんじゃないか」と言われていました。そしてムダな情報を削りに削ってやっとゴールに達していたのですが、そのとき、最初2枚の資料が10枚に膨らんで、結局2枚に収まりました。そんな経験から、使う情報は2割ぐらいと考えるようになったのです。

「表」になっていない「表」に注意

　最近は資料をレビューする機会が増えましたが、そこでよく見るのが「表になっていない表」です。表には縦軸（行）と横軸（列）があって、それぞれの軸の各項目に見出しを書きます。縦横が交わった欄に、それぞれの見出しに応じた内容が書かれ

ているから表なのであって、そうでなければ表としてまとめる意味がありません。

　でも、よくよく表を見ると、欄を埋めることに一生懸命になってしまって、縦軸と横軸から何を表としてまとめようとしているのかを見失ってしまい、よくわからない表になっていることがあります。

　比較する表の見出しを最初から正確に書くのは難しく、最初に書いた見出しにうまく収まらないのに、無理やり欄を埋めてしまうからそんな表になるのだと思います。表の中身を書いていく中で、うまく収まらないのであれば、それはたぶん見出しが間違っています。そのまま作業を続けるのではなく、見出しを再考すべきです。表を作るときは、交点に正しい内容が書かれているか、見出しと中身の整合を確認する癖をつけるといいと思います。

　表についてもう少し書きます。複数案の比較表を作成する際、メリットとデメリットを整理する必要があります。この場合、見出しに「メリット」「デメリット」と書いてはいけません。メリットとデメリットが評価できるように評価軸を縦軸に並べるべきで、メリットとデメリットを見出しにするのは間違いです（**図2-7**）。

第2章　提案のゴールは、お客様による「選択」

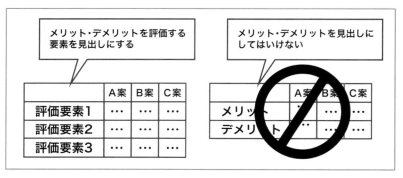

図2-7 表の見出しに「メリット」「デメリット」はNG

　「メリット」と「デメリット」を見出しにした表の場合、「複数案のメリットのうち、最も良いメリットはどれか」「複数案のデメリットのうち、最悪のものはどれか」ということを、表の読み手にさせることになります。

　この場合、メリット欄とデメリット欄の中に、評価する要素が書かれているはずです。中間の整理として、メリット、デメリットを箇条書きにすることはありだと思いますが、表にまとめる際には、その中から評価する要素を見つけ、それを縦軸に並べて、その評価軸に対して各案の、○、△、×を書きます。この○、△、×がなければ、比較表にはなりません。ぜひここを意識してほしいと思います。

第 3 章

要件定義での「見える化」

第3章　要件定義での「見える化」

第3章は要件定義フェーズです。要件定義でどこまで「見える化」できるかが、システムの品質と後工程のコストを大きく左右します。ですから、要件定義でどこまで考えられるかに、私はこだわります。ここでいう「考える」というのは、想像することとほぼイコールだと思います。

要件定義で設計した以上の品質は作れない

要件定義フェーズでは、運用や業務など、いろいろなことを想像して「考慮漏れ」をなくします。品質分析をしてバグの発生原因を探ると、その多くは考慮漏れです。考慮漏れをなくすには、この工程でどこまで想像できるかにかかっていると思います。想像し、それを見える化することで、実現性が担保される。このフェーズによってプロジェクトの品質が左右され、後工程のコストを決定づけると思います。

要件定義フェーズ以降でいくら一生懸命がんばっても、このフェーズで設計した以上の品質は絶対に作れません。この工程でシステムに実装する機能の大枠は決まるわけですから、お客様に対する業務要件的な品質はここでフィックスです。ここで決めた以上の品質にはならないのです。

要件定義でシステムとして実装する機能を決めれば、後は作

58

り込みの中でバグを仕込んでしまうだけです。つまり、品質面から見たら低下する要素しかありません。この後の工程では、バグをできるだけ埋め込まないように工夫することで、要件定義フェーズで決めた品質に近づけるのです。「こうしたい」「あしたい」というお客様の要望は要件定義の中でくみ取るので、システム全体の機能性はすべて要件定義フェーズで決まります。後から品質を上げることができない。そういう認識を持つことが大事です。

　ここまでは、業務要件も含めた要件全体の話ですが、ITアーキテクトの視点で考えれば、この段階でシステムの構成要素をすべてしっかりと見極めておくことが重要です。システムの構成要素と処理方式を対応付け、処理方式面の実現性を担保しておかなければ、この後の工程での手戻りにつながります。

A3用紙に"地図"を描く

　私はよく「地図を描け」「地図を描け」とメンバーに指導します。これも昔、諸先輩方から教えられたことです。

「地図」＝「全体像」

です。ここでいう全体像は、システム構成図に課題を記載した

第3章　要件定義での「見える化」

「課題マップ」（**「A3用紙に描く図の簡易サンプル」p.15参照**）です。その図解に使うのが「A3用紙」です。システム構成図を下絵に、「この部分に課題Aがある」「この部分は課題Bがある」というふうにマッピングしていきます。こうすることで、更改対象システムの全体像を捉えるとともに、内在する課題の箇所が明らかになります。

　地図の範囲は、課題を抽出する範囲に応じて変わります。複数のサブシステムを含む、システム全体の課題を抽出するのであれば、地図の下絵はシステムの全体構成図になります。あるサブシステムの課題抽出であれば、対象サブシステムの構成図、もしくは、対象サブシステムと連携対象システムになります。

　一覧表にまとめてもいいのですが、それだと課題に立体感が出てきません。個々の課題はわかるけれど、その関連性がつかめないのです。図上にマッピングすることで、「複数の課題の根本的な問題はこの部分ではないか」「この課題はシステムのこの構成要素が要因ではないか」といったことが見えてきます。

　また、マッピングすることによって、課題に対して何をどう変えたらいいのかを推察できます。全体像を描くことによって、課題とその解決の方向性を見いだすことが容易になるというわけです。

こういった資料をまとめておくと、プロジェクト方針の徹底に役立ちます。プロジェクト開始当初のメンバーは小人数でも、開発が進むにつれてメンバーはどんどん増えていくものです。後から入ったメンバーは、それまでの経緯を知りません。

　そんなとき、こうした資料があれば、パッと見てプロジェクトの方針がわかります。システム全体がどうなっていて、どの部分にどんな課題があるかを短期間でつかめ、早く戦力になります。プロジェクトの効率が上がります。

機能配置図で実装方法を「見える化」

　先ほどはシステム構成図と課題のマッピングでしたが、ITアーキテクトは別の図も描きます。システムの構成要素ごとに「機能配置図」(**「A3用紙に描く図の簡易サンプル」p.16参照**) を描き、処理方式を図解して明確化しておきます。これが、最も間違いのない方法です。ここでも活躍するのは「A3用紙」です。

　この後、部分部分にフォーカスして設計書を書いていくことになりますが、その前に、A3用紙に対象範囲全体の処理方式を一気通貫で記載して確認することにより、この後の工程のインタフェース誤りの防止などに役立ちます。

61

第3章　要件定義での「見える化」

　なぜA3用紙かというと単純にA4よりも描ける範囲が広いから。極力1枚の紙にまとめたほうが、機能ごとの連携範囲を広く捉えることができ、視認性が高まります。機能も、より詳細に描くことができます。

　基盤系の制御の部分はハードウエアやミドルウエアといった製品と基盤系の業務アプリケーションの組み合わせで実現されていると思います。この制御系機能の実現に際して、それぞれのシステムの構成要素が担っている範囲を明らかにし、製品を利用する範囲と、基盤系の業務アプリケーションとして作り込む範囲を明確化します。

　業務アプリケーション間の呼び出し構造、業務アプリケーションとミドルウエア間のインタフェース、そのインタフェースを使ったミドルウエア呼び出しの際のパラメーター、制御にかかる管理ファイルの持ち方。こういったものを早い段階で見える化し、後工程での手戻りを防止します。

　最初は、打ち合わせをしながらホワイトボードに向かって「あーだ、こーだ」と言いながらラフスケッチを描き、徐々にブラッシュアップして、最終的にA3用紙に機能配置図としてまとめます。

ただ、要件定義の初期段階で全部明確にできるかというと、絶対無理だと思います。わからない、決められないところも出てきます。でも、描こうすることが大事です。描こうとすることで、どの範囲がわかっていないかが判明し、わからない範囲が具体的になれば、それをどの段階で決定するのか、その見通しも立てやすくなります。

　「絶対大丈夫な部分」「どうすればうまく動くか詳細を検討しないと何とも言えない部分」「ほぼこれで大丈夫なんだけど一部不明なところがあり、どこかでその不明点を明確にする必要がある部分」。こういった白・黒・グレーをはっきりさせることに意味があります。できれば、要件定義段階でこのプロセスを何度か回し、実現性を向上させるのが理想的です。

　こういったプロセスを経て個別の設計に入らなければ、システム全体の設計の整合性を図れません。バラバラに基盤系の業務アプリケーションを作成すると、まったく動かないものになりがちです。こういった事態を避けるためにも、個々の設計に入る前に、関係するメンバー全員で機能配置図を基に全体設計を確認することが大事です。

　機能配置図を描く場合、基盤系の業務アプリケーションとミドルウエアだけでなく、できればハードウエアを含むシステム

63

第3章　要件定義での「見える化」

構成とセットで記載すべきです。機能配置図は「配置図」ですから、基盤系の業務アプリケーションやミドルウエアをどういったハードウエア環境に配置するのかも検討対象になります。ですので、私はハードウエアを記載したシステム構成図を下絵に、機能配置図を描くようにしています。

見積もりに必要な未決定の要件は
必ず「仮決め」する

　要件定義段階で、すべての要件が決まっていることはまれだと思います。プロジェクトは段階的に詳細化されていきますから、プロジェクトの立ち上げ段階で決まっていないことがあるのは当たり前です。では、決まっていないから不明確なままでいいかというと、それは違います。決まっていない要件は、仮決めする必要があります。

　なぜ、仮決めするのか。工程が進んで要件変更として追加コストを請求することがあると思います。これは要件が「変更」になったから、追加コストを請求できるのです。決まっていない不明確な要件に対しては「変更になった」という主張ができません。つまり、仮にでも要件が決まってないと「要件変更」にならないのです（**図3-1**）。

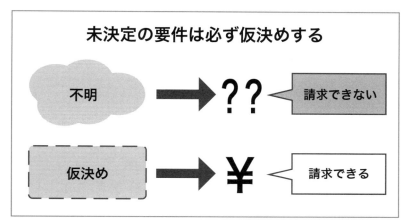

図3-1「不明」ではなく「仮決め」する

　仮にでも決めている要件があれば、変更に対するシステム構築への影響を説明できます。仮の要件を決めるというのは、仮決めした要件をお客様と合意することです。勝手に仮決めしてその要件で見積もっていたとしても、お客様と合意していなければ意味がありません。お客様と合意していない要件は新たに決定した要件ですから、決まったことによって工数が増えたとしても、前提の合意がないので要件変更にはなりません。

　見積もりに影響する要件がお客様から提示されていない場合には、必ず補足して要件を決めなければなりません。見積もり段階で要件が詳細に決まっていることが理想ですし、そうであ

第3章　要件定義での「見える化」

れば開発にかかるリスクを低くできます。

　一方で、お客様の要件が決まらないので見積もりが出せず、プロジェクトの開始が遅延し、開発期間を確保できない事態も考えられます。そうした場合、一旦仮決めし、途中で変わったら要件変更として対応することを合意した上でプロジェクトを進めることも、場合によっては考える必要があります。

想像しやすい順番で構築方針を考える

　私はシステムの構築方針を検討する際、開発リスクを低減するために、想像しやすい順番で手段を選びます。想像しやすければ開発リスクは低くなります。想像しやすい順番とは、「使う」「活用する」「作る」の順です（**図3-2**）。

　最初は「使う」。これは世の中一般に出回っている製品を使うことです。ベンダーが製品として提供しているわけですから、パンフレットもあれば、マニュアルもあります。それを見ればどういういったことができて、どんな使い方ができるのかがだいたいわかります。また、製品として売っているわけですから、余程のことがなければ品質も保証されています。リスクが最も低い方法になります。

66

図3-2 リスクを下げるための構築方針の考え方

　次は「活用する」。これは、実績のあるシステムを流用してカスタマイズしたり、プログラムベースの流用は無理でも設計内容を参考にしたりすることを意味します。システム開発を生業としている企業であれば、多数の似たようなシステムを開発しているでしょうから、活用することは可能だと思います。

　この場合は動作実績があるわけですから、そこで採用している処理方式は問題なく実現できることになります。また、そのシステムを作ったときの設計書もありますので、想像しやすいやり方だと思います。

　最後は「作る」。スクラッチで開発することです。当然ですが、

第3章　要件定義での「見える化」

一から作るので何もありません。ですから、想像するのが一番
難しい方法です。

　どの手段を使うかは、基本的には業務要件、運用要件に依存
します。基本的には「使う」からスタートし、要件と製品仕様
を突き合わせます。「製品だけでできないか」と考えるわけです。
製品だけでできなければ、製品を使うことを主として不足する
部分のみスクラッチで開発することを検討します。そのときの
ポイントは、製品が想定している使い方になっているかどうか
です。サブ機能だけを使うことになるとか、無理した使い方に
なるなら、製品は利用しないほうがいいです。

　次に、似たようなシステムがないかと探します。ここで似た
システムを見つけるには、普段から多くの事例を集めておくこ
とです。他システムを参考にするのは、これから構築するシス
テムを開発する際のリスクを減らす効果があります。動いてい
る実績があるので開発のリスクが少なくなるほか、その動いて
いるシステムの資料があれば、開発する段階になって想像しや
すくなります。想像しやすいということは、設計要素として検
討すべきことの漏れが少なくなるということです。

　このようにしてプロジェクトのリスクを減らし、リスクを減
らすことによって品質を高めることができます。ありものの部

68

品の組み合わせで新たなシステムを構築することも考えます。車ならば新車が理想なのでしょうが、システムは中古を活用することが、コストと品質の面では有効だと思います。

システム基盤の方向性は、多くの課題が出発点

システム更改に合わせてシステム基盤を刷新する場合、従前の課題を解決することが求められます。そのとき私は、機能と運用の課題から基盤に関わる共通項を見いだし、技術動向と関連付けて、システム基盤の方向性を決めます。

まずは、課題を抽出します。現状の課題を抽出するとき、粒度とか重要度といったことは無視して、思いつく課題をかたっぱしから挙げます。なぜ思いつくままに挙げるかというと、数がたくさん欲しいからです。機能面や運用面など、いろいろな人の様々な課題をとにかく挙げます。これを初めに実施します。

個々の課題をそれぞれ解決しようとしてはいけません。一つの原因から複数の症状が現れるので、その本当の原因（＝真因）を突き止めることが重要です。課題の一つひとつが重要なのではなく、たくさんの課題を挙げることで、システム基盤に潜む真因を見つけやすくなるのです。

第3章　要件定義での「見える化」

　例えば、システムキャパシティーの観点で、制限値や性能の問題があったり、運用性の観点で問題があったりと様々ですが、それらを引き起こしている真因があるはずです。真因が見つかれば、真因を解決する何か良い方法がないかと、技術動向を基に解決策を探ります。システム基盤の視点だけで真因を見つけることはなかなか骨が折れるので、機能や運用の課題をとにかく挙げることが重要になってきます（**図3-3**）。

　課題抽出の段階で、いろいろな人から意見をもらうことも重要です。プロジェクトの立ち上げ段階は、少人数で検討を開始

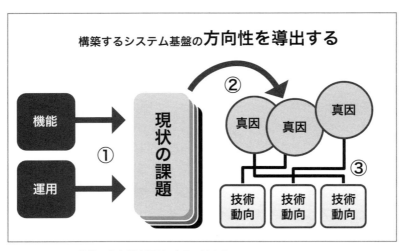

図3-3 システム基盤の方向性は課題の真因で決まる

すると思いますが、ここで様々な意見を拾っておかないと、た
どりつく真因とシステム基盤の方向性を誤り、プロジェクトの
途中で是正することにもなりかねません。とにかく、幅広く、
様々な意見を拾うことが大事です。

処理「日付」に着目して
運用パターンを「見える化」

　次は、運用面に着目した要件定義での「見える化」です。運
用のパターンには、通常日パターンや特異日パターンなど、い
ろいろな運用パターンがあります。ここで着目してほしいのは
「日」の定義（始まりと終わりなど）です。私が担当している
金融機関の勘定系システムでは、システム運用で使用する「運
用日」と、業務処理の勘定計上で意識する「勘定日」があり、
その定義は異なります。

　この違いは様々な問題を生む可能性があるので、それを見越
した設計をしておく必要があります。例えば、「運用日をまたがっ
た前日の処理を可能とするのか」「日付をまたがった処理はで
きないことを制約とするのか」といったことです。こうした制
約を設けるのか許容するのかは注意深く判断しないと、本番運
用を開始した後に、どうにも対応できないことになります。一
般的には「日付をまたがった処理はあり得ない」と判断できな

71

第3章　要件定義での「見える化」

い限り、そういった運用も考慮した設計とすべきです。

　ただ、日付は処理上の大きな制約になっていることが多いと思いますので、日付をまたがった処理を可能とする場合には、制御面での作り込みが大きくなります。したがって、要件定義では日付またがりの発生頻度を考慮し、システムの仕組みとして許容する制御を作り込むのか、イレギュラー運用として手順を整備し、運用手順として対応するのか、運用手順とする場合には、それが現実的な手順なのかを見極める必要があります。

　また、オンラインとバッチの並行処理の要否も検討する必要があります。オンライン時間帯とバッチ処理時間帯を明確に分けた運用が可能なのか、オンラインとバッチを並行処理する運用としなければならないのか、そのどちらとするかによって資源の持ち方、運用制御方式、キャパシティー設計が変わってきます。

要件定義書は極力少ないページ数にする

　システム基盤に関わる要件定義書のページ数は「少なければ少ないほど良い」というのが私の持論です。システム基盤に関わる要件定義書は、要件定義に携わった人だけでなく、この先プロジェクトに関わる多数の人が見ます。そのため、要件定義

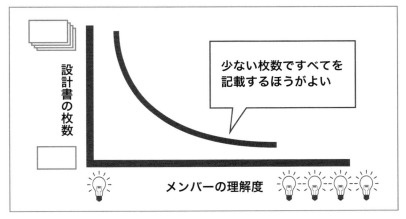

図3-4 要件定義書のページ数は極力減らす

の内容を素早く、的確に理解できることが重要です。であれば、ページ数は極力少ないほうが良いです。私は極力少ないページ数ですべてを記載するようにしています。

システム基盤に関わる要件定義の理解度と、要件定義書のページ数は反比例の関係だと思います。極論ですが、同じ情報をA3用紙1枚に図解した場合と、A4用紙10枚に文章で記述した場合、どちらのほうが理解が深まるでしょうか。明らかにA3用紙1枚だと思います。用紙サイズの違いを考慮しても5倍効率的ですよね（**図3-4**）。

第3章　要件定義での「見える化」

　似たような機能をコピー＆ペーストして、変更点だけを変えて、何枚にもわたって書くのであれば、共通する部分をまず書いて、別に変更点だけをまとめて書いたほうが理解しやすいものです。似たような機能の間違い探しをするように読まなければならないとしたら、それは読み手にとって不親切だと思います。分厚い資料を作るより、少ない枚数ですべてを記載することを重視すべきです。

第 4 章

製品選定、導入方針の勘所

第4章　製品選定、導入方針の勘所

　製品選定においては、製品の開発元ベンダーからの提案や、利用ユーザーのヒアリングを基に、複数製品を比較評価して決定します。提案内容を確認したり、ヒアリングしたりする際、ITアーキテクトとして押さえるべき点があります。

絶対評価は難しい、
複数製品を比べて評価基準が見えてくる

　必ず複数の製品を比較し、最終的に導入する製品を決定しています。では、なぜ比較するのでしょうか。もちろんより良い製品を導入することが最終的な目的ですが、その製品の良し悪しを判断する評価基準は、複数の製品を比較しなければ、なかなか明確にできません。企画／提案の際にお客様に選択肢を提示して評価基準を明らかにするのと同じです。

　製品の評価も絶対評価はなかなか難しく、複数製品を並べることで、初めてその良し悪しが見えてきます。以前、仮想テープ装置を更改する際、A社とB社の2つの製品を比較しました。A社は現在利用している製品、B社は利用しているメインフレームと同一ベンダーの製品です。A社は現在利用しているベンダーですから移行は容易です。しかし、仮想テープ装置を制御するソフトウエア製品の品質に課題がありました。一方で、B社はメインフレームと同一ベンダーなので、インタフェース面で親

和性が高いことは明らかです。しかし、複数装置を並べて使用するとき、使用上の制約がありました。移行に伴いアプリケーションの変更も必要でした。

　また、全銀協手順を利用可能な伝送パッケージソフトを導入した際も、X社の製品と、Y社の製品を比較しました。X社の製品は、コア機能のみ提供し、不足機能は要件に合わせて作ることを想定している製品でした。一方でY社の製品はパッケージ自体がより多くの機能を持っていましたが、カスタマイズして使うことは想定していない製品でした。こういった違いは、複数の製品を比べるからわかることで、一つの製品だけでは見えてきません。

　評価項目は製品の特性によって違ってきます。伝送パッケージソフトであれば、伝送という機能に即した機能性や運用性が評価項目になりますし、仮想テープ装置のようなストレージ製品であれば、接続するメインフレームやサーバーとの接続性、I/Oの速度、容量などが評価項目になります。また、導入に際してのアプリケーション側への影響、現行システムからの移行の容易性といったことも製品の特性に応じて評価することが必要です。製品の機能特性に応じて評価項目を定めなければ、より良い製品選択にはならないです。

77

第4章 製品選定、導入方針の勘所

新バージョンの製品では 「できなくなったこと」を確認

　使っている製品の新バージョンが出たとき、その開発元のベンダーから提案を受けると思います。その際、製品ベンダーは「こんなこともできるようになりました。あんなこともできるようになりました」と、いろいろな新機能をプレゼンテーションしてくれます。そうした新機能の情報を得て、担当システムの抱えている課題の解決につなげることは、もちろん大切なことです。

　しかし、新バージョンの製品にすぐに飛びつくのは危険です。
　新バージョンの製品は旧バージョンの製品を改造しているわ

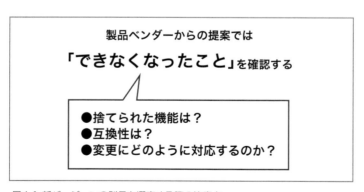

図4-1 新バージョンの製品を選定する際の注意点

けですから、新機能以外にも何か変わっていることがあるはずです。だから、「できなくなったことはないか」「できるけれども互換性がなくなったことはないか」を確認することが重要です（**図4-1**）。

　特に、製品の非メイン機能を使っている場合は要注意です。メイン機能を使っているユーザーは多いものの、非メイン機能は使っているユーザーは少ないと考えられるため、ベンダーはそうした機能を削ったり非互換にしたりする可能性があります。

　私の経験を話します。あるベンダーから「バッチジョブスケジューラー」の新バージョンでは動作モードを変更することで、新機能を利用できると提案を受けました。新機能が気に入ったので動作モードを変更することにしましたが、ここに落とし穴がありました。変更した動作モードの場合、ジョブネット登録の非メイン機能の製品仕様が変わっていたのです。この変更のために、非メイン機能を使ったジョブネットを登録できないことにテスト段階で気づきました。

　また、（新バージョンではなく）新製品の提案を受けることもあると思います。斬新な機能を実装した新製品の場合、そのプレゼンテーションがうまければうまいほど、「こんなこともできて、あんなこともできて、すごく良い製品だな」と思って

79

第4章　製品選定、導入方針の勘所

しまいます。でも、一歩立ち止まることが大事です。

　世の中一般にはすごく良いと思われる機能であっても、担当するシステムに導入することで、どの部分でどんなふうに役立つのか、現状に即して具体的な課題解決がイメージできなければ、導入しても結局何の役にも立ちません。

　特に監視系のツールは、導入したけれど「あまり効果がなかった」といった結果に陥りがちです。こういったツールは、運用しながら利用者が試行錯誤し、パラメーターを変更して積極的に使っていかないと役立つものにはなりません。運用体制も考慮して、導入後の課題解決を具体的にイメージできるかどうかを検討した上で、導入要否を見極めることが必要です。

制約事項、トラブルをヒアリングして落とし穴を塞ぐ

　検討中の製品を既に導入しているユーザーがある場合、そのユーザーに出向いてヒアリングをさせてもらっています。製品の機能面はベンダーの提案である程度わかりますが、制約事項や起こりうるトラブルなどは、ベンダーに聞いてもわからないからです。

利用ユーザーにヒアリングに出向くとき、漫然と質問するのではなく、「この課題を解決するために、こんなふうに使おう」とイメージを固めた上でヒアリングします。ヒアリング先でも同じような使い方をしていれば、その使い方をするときの留意点や制約事項を聞くことができます。もし同じような使い方をしていなければ、なぜ自分が考えた使い方ではなく、別の使い方をしているのかを聞きます。そうした質問を通してヒントが得られることが多いです。

　これらは製品の使い方に着目したヒアリングですが、使い方によらず、発生したトラブルとか、導入時に実施した工夫点も意識的に聞いています。あるハードウエア製品についてヒアリングをした際、「製品そのものは特段問題ないが、保守体制が弱い。どんな保守体制を取ってもらえるのかを確認したほうがよい」と教えてもらえました。製品ベンダーが自ら「自社の保守がダメです」とは当然言いませんから、こういった話は利用ユーザーからのヒアリングでしかわかりません。

　また、災害対策システムに関する製品のヒアリングをした際には、製品の導入に当たり、災害対策とはまったく関係ないディスクアクセスの制御に修正を加えたことが聞けました。

　製品ベンダーの営業担当者は、製品を導入する際に「どういっ

81

第4章　製品選定、導入方針の勘所

た影響があって、どういった対応をしたのか」までは知らない
ものです。実際に動いているシステムの利用ユーザーからでない
と聞くことはできません。導入時の工夫点とか、発生したトラ
ブルとその解決策などは、エンジニア魂に火がつくからか、
私がヒアリングさせてもらったどこのユーザーも熱心に説明し
てくださいました。

　ヒアリングする際のポイントは、まずは自分が想定している
使い方に基づいて聞きますが、ざっくばらんな話の中で工夫点
やトラブルを聞き出せることも少なくありません。想定してい
る使い方と照らし合わせることで、「あ、それだったら担当す
るシステムでもこのあたりが影響しそうだ」といったことに気
づくことができます。

製品は徹底的に使う

　「この製品を使う」と決めたら、徹底的に使うことを意識し
ています。業務要件に影響を与えないのであれば、製品に合わ
せたシステム基盤にするという考え方です。徹底的に使うとい
うことは、その製品が狙っている目的、効果を最大限に発揮で
きる使い方をするということです。

　なぜそうするのか。第1の理由は、徹底的に使うことによって、

製品で実現できる範囲を広げ、業務アプリケーションで補完する部分を少なくしたいからです。業務アプリケーションで補完する部分が少なければ少ないほどリスクは小さくなります。

第2の理由は、製品が目的としている王道の使い方は、開発ベンダーによる考慮漏れが少ないと思われるからです。王道は製品の開発ベンダーが最も配慮しているところであり、また、製品の開発ベンダーがテストする時に、想定している利用形態だと思います。だから、考慮漏れによる不具合の発生が抑止できると考えられます。

皆さんがアプリケーションを作るとき、恐らく王道の機能は必ず確認すると思います。確認していれば不具合が起きる可能性は低い。不具合は、「そんな使い方は想定していませんでした」といった使い方で起こりがちです。製品も人が作っています。であれば、皆さんと同じことをやっているということです。製品を使うなら、可能な限り狙っている目的、効果を最大限に発揮できる使い方をする。コストと品質の両面で、最も良い方法です（**図4-2**）。

避けたいのは、一部の機能だけをつまみ食いするような使い方です。当初はほとんどの機能を製品で実現する方針だったのに、現行システムの機能仕様を踏襲することにこだわってしまっ

83

第4章　製品選定、導入方針の勘所

製品は徹底的に使う

　製品が目的としている王道の使い方であれば、製品側の考慮漏れといった製品不具合の発生を抑止できる。

　一部機能をつまみ食いするような使い方は、業務アプリケーションの開発規模が膨らむだけでなく、予期せぬ製品不具合の発生につながる可能性がある。

図4-2 製品を使うときの方針

　た結果、製品仕様と合わなくなって業務アプリケーションの作り込みが増えてしまうケースです。こうなると、製品の利用範囲は部分的になってしまい、一部の機能だけをつまみ食いするような使い方になってしまいがちです。状況によっては、製品を無理に使おうとするがために、すべて業務アプリケーションで開発するよりも開発規模が大きくなることもあります。

　製品が想定していない使い方をすると不具合が増えると認識し、システムを更改する際は、機能仕様を製品仕様に寄せることも検討します。製品仕様に寄せたことで業務仕様にどのような影響があるのかを確認しなければなりませんが、品質の高いシステム基盤とするためには検討する価値のある方法です。

84

1つの例を紹介します。私が担当していたあるシステムにおいて、ディスク故障時のリカバリーをするためにある製品を部分的に利用していました。その製品にしてみれば想定していない使い方だったため、製品を制御する基盤系の業務アプリケーションが複雑になってしまい、品質が安定しませんでした。結局、その製品の利用をやめ、該当の機能については業務アプリケーションで作り直しました。

製品のファーストユーザーになる
メリットもある

リスクの観点から考えると、一般的には製品のファーストユーザーになるのは避けるべきです。しかし、製品の王道の使い方で徹底的に使うのであれば、ファーストユーザーとなることにもメリットはあると思います。

私の経験を話します。ある開発ベンダーの方から、構想段階の新製品の話を聞きました。メインフレームのファイルアロケーションに関する新製品だったのですが、その新製品のメイン機能は、私が長年解決したいと思っていた大きな課題を解決してくれるものでした。そのベンダーの方が「春田さん（私のこと）、製品化したら使ってくれますか」と聞いてきたので、担当するシステムでの具体的な課題解決のイメージは湧いていましたし、

第4章　製品選定、導入方針の勘所

その製品を利用する場合には王道の使い方になると考えられたため、「使う」と答えました。

　その後、開発ベンダーの方と「こんな課題を解決するつもりだ」「こんなふうに使いたい」といった話をしたことを覚えています。すごくメジャーで利用ユーザーが多数いるデファクトスタンダードな製品であれば別でしょうが、そうではない場合、製品を作っているベンダーの方は、のどから手が出るほど、具体的な課題や使い方の情報が欲しいのです。

　開発が終わって製品になれば、どのくらい売れたのかはわかるでしょうが、実際に利用している現場の意見は吸い上げにくいものです。また、開発ベンダーの方もいろいろとテストをされますが、そのテストシナリオが実際に使っている現場に近いのかどうかなかなか確信を持てない、現場での利用形態と合っているのかどうか、わからないものです。

　ファイルアロケーションの新製品のケースでは、開発ベンダーが私たちの求める機能を製品仕様に盛り込み、私たちの想定する使い方に則して細かくテストをしてくれました。私たちはもちろんファーストユーザーとなりました。こうした経緯があったことで、システム稼働後の品質は非常に安定しています。日本のIT業界に閉じたことかもしれませんが、現場の課題と開

発ベンダーの製品開発の狙いが合致すれば、Win-Winの関係を作ることができます。システムインテグレータと製品ベンダーが一緒に高品質の製品を仕上げることもできると思います。

ただし、あまりにもニッチ過ぎると、ベンダーは投資回収の面から高価格にせざるを得ませんし、品質面においても、利用ユーザーが少ないと製品の品質が高まりにくいことも想定されます。製品のファーストユーザーになる場合には、他社での利用が見込める製品かどうかを見極める必要があります。

高性能なプラットフォームが必ずしも高価格とは限らない

最近は基幹系での利用を想定した、ハイエンドのLinux系サーバーが複数のベンダーから販売されています。それらのサーバーは、メインフレーム以上の性能を出すものもあります。私は最近担当したシステム更改において、メインフレームからLinuxサーバーにマイグレーションしたところ、マイグレーション後に処理性能の向上が図れました。

一方でLunix系サーバーの信頼性はどうかというと、ハードウエア全体の信頼性に関しては、まだメインフレームが優位な状況だと思っています。部品レベルの信頼性の差はまだありま

87

第4章　製品選定、導入方針の勘所

すし、メインフレームでは部品の組み合わせの自由度が高いので、コストと信頼性のバランスをユーザーごとに選択できます。

　例えば、ストレージ接続について、I/O性能と耐障害性を考慮してチャネル構成を設計することで、その接続パス数、冗長性の確保の仕方を自由に変更できます。この場合、一般的にメインフレームは基幹系業務システムで利用されることが多いので、信頼性を高める方向で構成を設計でき、結果的に信頼性は高くなることが多いです。

　以前は、メインフレームが高額かつ高性能だったため価格と性能が比例関係となり、高性能なプラットフォームが高額でした。では今、プラットフォームの価格はどのように決まっているのでしょうか。恐らく、性能と信頼性の掛け算で決まっているのではないかと思います。つまり、高性能なプラットフォー

高性能なプラットフォームが

必ずしも高額とは限らない

プラットフォームの価格＝性能×信頼性

図4-3 プラットフォームの価格の決まり方

ムが必ずしも高額とは限らないということです（**図4-3**）。

　アプリケーションの移植の問題はありますが、性能と信頼性
のみを考慮してプラットフォームを選定する場合、「高性能が
要求されるからメインフレーム」ではなく、性能と信頼性を別
の要求として捉え、「高性能だけどメインフレーム程の信頼性
を要求されないならハイエンドのLinux系サーバー」といった
選択ができる時代になっています。

製品選定においてもシステム移行を考慮する

　システム基盤の製品を変更する場合、業務アプリケーション、
JCL、シェルなどを変更する必要があります。ストレージ製品
であれば、データを移行しなければなりません。例えば、先に
紹介したファイルアロケーションに関する新機能の導入におい
ては、バッチ処理のJCLをすべて変更する必要がありました。
また、仮想テープ装置の製品変更も実施しましたが、この時は
バックエンドのテープ媒体の規格が違うため、現行システムの
テープ媒体をそのまま新システムで使うことができず、データ
移行のやり方に工夫が必要でした。

　このような移行に伴う作業は、どの段階で検討すればいいで
しょうか。私は、製品選定時から検討し、移行の実現性に目途

89

第4章 製品選定、導入方針の勘所

を立てておくべきだと考えています。選定段階で実現性に目途を立てておかないと、業務アプリケーションやJCLなどの変更が膨大になってしまい、想定外のコストが発生したとか、許容時間内でデータの移行を終わらせる見込みが立たないといったことが起こるかもしれません。

　特にストレージ製品に関しては、現行システムと新システムの両方から接続してデータを移行するやり方も考えられるため、検討の結果によっては、システムの構成設計にも影響します。こういった事態を未然に防ぐには、製品選定において移行を考慮すべきです。

　製品を比較する場合、必ずコストを試算すると思います。その試算には、移行に関するコストも含めることが必要です。そうすることで、移行の容易性がコスト換算され、製品評価に反映されます。

第 5 章

システム基盤設計の
チェックポイント

第5章　システム基盤設計のチェックポイント

　要件定義と製品選定まで話しました。ここまで来ると、恐らくシステム基盤設計の大枠が固まっていると思います。この章では、システム基盤の処理方式の妥当性をどのようにチェックするのかを中心に、考慮点を説明します。この章でも活躍するのは「A3用紙」です。

図解しづらければ、改善の余地がある

　システム基盤設計では「処理方式図」（**「A3用紙に描く図の簡易サンプル」p.17参照**）を描きます。処理方式図とは、オンライン電文処理やバッチ処理フローなどを記載した図です。A3用紙を使って広い範囲を1枚に収めるのがポイントです。

　では、この処理方式図をどのように確認すればいいでしょうか。端的に言うと「複雑で、ムダの多い処理方式になっていないか」を確認します。しっかりと検討された処理方式にはムダがありません。ムダのないように設計できています。ムダがなければ、シンプルなので図解しやすいものになります。逆によく考えられていない処理方式図は、ムダな条件分岐が多く、制御方法もバラバラで、複雑になりがちです。それは改善の余地があるということです。

　1つのポイントは、レイヤー構造がきれいになっているかど

ムダのない方式は理解しやすい

基盤系の業務アプリケーションとミドルウエア(ソフトウエア製品)の境界が
明確化されていなければならない

業務アプリケーション	業務アプリケーション
ミドルウエア	ミドルウエア

図5-1 レイヤー構造がきれいかどうかがポイント

うかです。基盤系の業務アプリケーションとミドルウエア（ソフトウエア製品）の境界が凸凹だと、どの部分を業務アプリケーションが担うのか、どの機能をミドルウエア（ソフトウエア製品）が担当するのかがわかりにくく、理解しづらいものになります（**図5-1**）。

　似たような処理方式図が何枚も描かれていると要注意です。こうした場合、同じような機能なのに、ある場合は製品の機能を使用し、ある場合は業務アプリケーションで実装といったように、別々の作り方をしてしまいます。

　具体例で説明します。メインフレームとオープン系では文字コードが異なるため、文字コード変換が必要です。文字コード変換のやり方はいろいろ考えられるので、変換しなければなら

第5章　システム基盤設計のチェックポイント

ないファイルが追加された時期によって、製品で変換したり、
業務アプリケーションで変換したりと、バラバラになってしま
う。こんなケースです。

　「同一機能同一処理方式」が理想です。いたずらに処理方式
を増やして複雑にしていないかを確認する必要があります。同
じような機能なのに、何枚も似たような処理方式図が描かれて
いる場合、共通項を見いだし、同一の処理方式で実現できない
かと見直すべきです。すべての範囲を同一とすることが難しい
場合には、共通部分と個別部分を切り分け、個別となる部分を
限定するような方法も考えられます。

ムダなパラメーターがないか

　業務アプリケーションがシステム基盤（この場合は共通のサ
ブルーチン）を呼び出す際、パラメーターを渡します。そのパ
ラメーターは重要なチェックポイントです。

　私は共通サブルーチンや汎用ツールを作るとき、それらを利
用する側が煩雑にならないように、極力シンプルなインタフェー
スにしています。やってはいけないのは、「こういった使い方
も考えられる」「こういう使い方があれば便利かもしれない」
と考えてインタフェースを複雑にし、その結果、パラメーター

94

数が多くなってしまうことです。

　実際に使うのであればよいと思いますが、使われる状況があり得ないのであれば、ありがた迷惑です。デフォルト値があってパラメーターの省略が可能であればまだマシですが、ムダに機能を持たせたために、毎回、意味もなく同じ値のパラメーターを設定するようだと最悪です。「本当にその機能は必要か」とよくよく考えるべきです。

　以前、メインフレームのデータをレコード単位で文字コード変換する共通処理を、システム基盤として実装したことがあります。そのとき、パラメーター指定によって、「レコードを部分的に変換できたら便利ではないか」とか、「条件に応じてレコードの変換要否を選択できたら便利ではないか」とか、いろいろと考えました。技術者的欲求から作り込みたい意欲が満々だったのです。

　ただ、利用する業務側に要件を確認すると、欲しい機能は実にシンプルでした。「パラメーター指定によって、レコードの先頭から指定されたバイト数分を変換対象外にしてほしい」という要望のみで、それ以外は特にありませんでした。技術者的には不完全燃焼の感がありましたが、それ以外の機能は持たせませんでした。

第5章　システム基盤設計のチェックポイント

　結果どうなったかというと、このシステム基盤の共通処理は、そのままの仕様で、対象とするデータを追加しながら、20年近く使われ続けています。ムダな機能を作り込まず、シンプルに利用できるようにしたことが、こういった結果につながったと思います。

　業務要件に関係ないパラメーターは、業務アプリケーション側に指定させてはいけません。この点について、メインフレーム特有の問題がありました。メインフレームで新規にファイルを割り当てる時には、割り当て容量とボリューム通番の指定が必要となります。それらを決定するにはファイル単位、ボリューム単位の容量設計が必要です。それは難易度の高い作業です。

　しかし、メインフレームでは、ファイルを利用する業務アプリケーション側で指定しなければなりませんでした。業務要件として必要なのはファイルを識別するための名称（データセット名）であって、それ以外は利用しているメインフレームOSの制約上仕方なく指定しているだけです。Windowsでこういった指定が必要とは聞いたことがありません。

　業務処理側では業務要件として決める必要があるもののみ指定し、その他はシステム基盤側で不都合のないように設定する。こうすれば、業務処理とシステム基盤の境界を明確にできます。

この点について、以前から何とかならないものかと感じており、前述したファーストユーザーになった新製品でようやく解決できたのです。

　製品の制約だとしても、本当にそれは業務処理として必要なパラメーターなのかを普段から考えて、不要なものはなくせないかと考えるのが大切です。技術の進化によって今日の制約が明日も制約であり続けるとは限りません。今日の制約を当たり前と思わず、本来、業務処理側が決めたいことと、制約で仕方なく設定していることを区分けし、技術動向からその制約を除くことができないかを考えることは大事です。

論理と物理の関係を意識した 信頼性設計となっているか

　近年のシステムは仮想化がすごい勢いで進んでいます。例えば、昔からある「VM」の考え方です。サーバーのハードウエア（物理）とOS（論理）は1対1ではありません。メインフレームでは、物理ディスクとOSが意識する論理ボリュームは1対1ではありません。1つの物理ディスク上に複数の論理ボリュームがあります。最近だとネットワークの世界でも、SDN（OpenFlow）といって、物理的なネットワーク機器の構成と論理的な接続構成を分離するような方式が導入され始めています。

第5章　システム基盤設計のチェックポイント

　当然ですがハードウエア故障に備えた信頼性設計は、ハードウエアの構成単位を意識する必要があります。仮想化されている場合には、1つのハードウエアが壊れた場合でも、論理的には複数部分に影響が及びます。ですから、信頼性設計ではハードウエアが故障したときに影響する論理的な範囲を意識して復旧方法を設計する必要があります。故障する単位はハードウエアの単位ですが、復旧する単位は論理的な単位です。例えばメインフレームのディスク故障の復旧だと、ディスクが1個故障したとき、複数の論理ボリュームを復旧する必要があります。

　具体的な例を説明します。担当するシステムでは以前からディスク故障時に自動リカバリーする仕組みがありました。以前は、1物理ディスクが1論理ボリュームでしたから、1つ壊れたら1つ復旧して終了です。その後、1物理ディスクに複数の論理ボリュームを割り当てられるようになり、その場合の復旧方法は、シーケンシャルに1論理ボリュームずつ処理する方式としました。時を経て、1物理ディスクに10を超える論理ボリュームを割り当てるようになり、当然ですが1つの物理ディスク故障の復旧時間は長時間化し、現実的な時間に収まらない結果になりました。このときは、パラレルに論理ボリュームを復旧するように処理方式を変更して時間短縮を図りました。

　物理と論理の関係は、システム基盤設計において意識されて

いると思いますが、信頼性、特にリカバリーの視点は漏れがち
です。

システム全体の信頼性は
ファシリティーを含めて考える

　ハードウエアは当然、電源がないと動きません。つまり、デー
タセンターの電源供給が停止するとシステムは止まってしまい
ます。したがって電源供給についても、冗長構成によって信頼
性を確保しなければなりません。

　ハイエンドのサーバーやストレージであれば、電源ユニット
を4つ搭載することが可能です。また、データセンターはA系、
B系といったように、2系統からの電源供給が可能です。大規
模ミッションクリティカルなシステムであれば、データセンター
の電源設備からハードウエアの設置フロアーまでは2つの電源
供給ルートを準備します。さらにフロアー内の分電盤からハー
ドウエアまでもそれぞれ2ルートで電源供給します。こうする
ことで信頼性を確保します。したがって2×2で、電源ユニッ
トは4つ搭載することが必要になります（**図5-2**）。

　ポイントはこういったファシリティーも含めた信頼性設計が
できているかどうかです。4つの電源ユニットを搭載したとし

第5章　システム基盤設計のチェックポイント

図5-2 信頼性はファシリティーを忘れてはいけない

ても、すべて電源供給がA系からのルートになっていると、A系の電源供給停止で、システム停止です。また、クライアントとして使用するPCの場合、電源ユニットは普通1つのため、複数ルートからの受電はできないと思います。その場合も、同一用途のクライアントが複数台設置されているのであれば、A系、B系に供給ルートを分散し、片系の電源供給が止まっても、部分的にクライアントを利用できるようにしておくべきです。

　こういった信頼性対策は、設備・装置故障時の対策であるだけでなく、設備点検などのメンテナンス時に、片系の電源供給が停止する場合に備えた対策でもあります。

　ネットワークでも同じようなことがいえます。異なるキャリ

アで2ルートのネットワーク構成を採用したとします。この場合、データセンターから最寄りの電話局までの物理的なルートは別々になっているでしょうか。異なるキャリアであっても、最寄りの電話局は一緒というケースはあります。また、データセンターへの回線の引き込みルートが分かれていないかもしれません。こういったことは、通信キャリアに確認しても教えてもらえないことが多いですが、可能な限り確認し、実効的な信頼性を高める努力をすべきです。

オンラインとバッチでの資源の競合を考慮する

　要件定義の章で、オンライン時間帯とバッチ時間帯を分けた運用が可能かどうかを確認すべきだと説明しました。確認した結果、同一時間帯にオンラインとバッチの並行処理を可能とする必要があるのであれば、共通の資源を使用することで、資源競合によりそれぞれの処理に不都合が発生しないことを十分に確認する必要があります。

　私は痛い目に遭ったことがあります。メインフレームで全銀協手順を使って、企業からの口座振替などのデータをやり取りするシステムでのことです。このシステムは以前からオンラインとバッチでデータベースを共有していました。開発した当初は接続企業数が少なかったため問題にはならなかったのですが、

101

第5章　システム基盤設計のチェックポイント

全銀協TCP/IP手順に対応したことから接続企業数が大幅に増加し、データベースの排他待ちが問題になってきました。

　データベース資源をオンラインとバッチの両方で更新するため、資源競合によるデッドロックや処理タイムアウトがたびたび発生するようになったのです。また、デッドロック発生時には、タスクアベンドとなることがあり、タスクの再起動では、手作業による運用対処が必要となることもありました。結局このシステムは、処理方式を変更し、同一機能をオープン系サーバー上に再構築しました。

　業務要件的に資源競合が問題にならないかの確認も必要です。バッチ処理は静止点のデータを基に処理しますが、オンライン処理が24時間資源を更新し続けると、静止点を作り出せません。こういった場合には、バッチ処理に必要な資源を静止点でコピーするような仕組みを導入する必要があります。

リカバリー機能を不必要に作り込んでいないか

　故障に備えたリカバリー機能は自動化されていることが望ましいですが、自動化の機能を作ってテストするのは簡単ではありません。また、限られたコスト、期間で開発していると、通常時は使わないリカバリー機能は後回しとなり、結果的に中途

半端な状態で機能提供してしまいがちです。

　中途半端な状態が一番よくありません。例えば、設計書には
書かれているが、実際起動してみると設計書通りに動かないと
すると、それは故障時に判明するわけですから目も当てられま
せん。システムの運用者からしたら、「そんなんだったら手作
業にして、きちんとした手順書にまとめてくれたほうがありが
たい」と思うでしょう。

　リカバリー機能の場合、ハードウエア構成に依存するため、
現状のハードウエア構成をアプリケーションの仕様に組み込ん
でしまうことがあります。例えば、ディスク故障時のリカバリー
において、格納されたデータによってその復旧手順が異なるた
めに、ボリューム通番の付与規約に依存したアプリケーション
の仕様になっているとか、ネットワーク故障時の自動復旧にお
いて、その時点のネットワーク構成を前提としたアドレスがア
プリケーションの仕様になっているような場合です。

　この場合、ハードウエア構成やネットワーク構成が変更にな
ると、アプリケーションも変更しなければなりません。このと
き、構成変更の担当者とアプリケーションの開発者は別グルー
プに属しているといった理由から連絡漏れが起こりがちです。
その状態で試験をすると当然修正していないからうまく動作し

103

第5章　システム基盤設計のチェックポイント

ません。テストの対象になっていればテストで見つけることができますが、修正が必要なことに気づかず、他にテストする要件がない場合にはテスト対象外となり、本番運用まで気づくことができません。さらにそれは故障対応時の切羽詰まった状況の時です。あるべき論でいけば、設計書にすべて書かれていて、構成変更がされた場合には、その変更内容を基にドキュメントを検索し、影響範囲を抽出するのが理想ですが、現実的にはプロセスがうまく機能しないこともあると思います。

　システムやネットワークの構成をプログラムで判断するのは避けるべきです。多少手順は面倒になりますが、起動時のパラメーター指定などで補完することが可能だと思います。リカバリー機能ですから、必ず機能として自動化することが必要かというとそうではなく、運用手順で対応という方法もあると思います。業務の重要度と発生頻度を判断して、コストと開発期間を加味しながら、実現する範囲とその作り込みのレベルを、メンテナンス性も考慮して決める必要があります。

時代とともに
疎結合と密結合のバランスは変化する

　5章の最後に、個別の開発プロジェクトではなく、長期的な視点でのチェックポイントについて説明します。一般的にモ

ジュール同士を密結合の設計にすると、コンパクトな設計になってオーバーヘッドが少なくなり、パフォーマンスでは有利になります。つまり、必要なCPUなどのシステム資源を削減できます。

　一方で、柔軟性は犠牲になる場合が多く、変更や追加が発生した場合には、あちこちに手が入るなど複雑になりがちです。具体的には、CPU負荷を軽減するために、構造化を崩してモジュール呼び出しの回数を削減したり、必要なメモリー量を削減するために、共通領域化したりするようなことがこれに該当します。

　システム開発費の総額は、ソフトウエア開発費とハードウエア費用の総額です。ハードウエアの価格性能比は時代とともに向上しています。ですので、コストパフォーマンスの高いシステムを構築するには、疎結合と密結合のバランスを、その時代に応じて見直さなければなりません。いわゆるレガシーシステムの場合、ハードウエアの価格性能比が今と比べて格段に低かった時代に設計されているため、その後見直しを実施していないと、メンテナンス性を犠牲にした、パフォーマンス的に有利なモジュール構成のままとなっている可能性があります。その場合、その後価格性能比が向上すると、構造化を崩すことで削減できるハードウエアの費用よりも、メンテナンス性の低下によ

105

第5章　システム基盤設計のチェックポイント

る開発費の増加のほうが大きくなっていることが考えられます。

　ただし、ここで難しいのは、メンテナンス性の低下によるメンテナンス費用の増加分は試算しづらいということです。もしメンテナンス性を向上させるために、モジュール構成を見直し、そうすることによってより高性能なハードウエアの購入が必要だとすると、初期費用はダブルで増加します。

　しかし、機能追加などのメンテナンスにかかる費用は削減が期待できます。初期費用は試算可能ですが、メンテナンス費はこれから削減できるかもしれない試算しづらいコストです。そのため、どうしても目先のコスト削減を選びがちですが、長期的な視点で疎結合と密結合のバランスを見直すことは、ITアーキテクトに与えられた命題だと思います。

第 6 章

システム基盤構築は
ストーリーを描く

第6章　システム基盤構築はストーリーを描く

　何もないマシン室の状態から、"動く"システムを構築する
までの段取り（＝ストーリー）が明確でなければ、そのシステ
ム基盤構築は計画段階で破綻していることになります。ストー
リーを描くことが大事です。

システム基盤構築のストーリーを
A3用紙に描く

　「システム基盤構築ストーリー」（「**A3用紙に描く図の簡易サンプル**」
p.18参照）を、私はA3用紙に描きます。システム基盤構築ストー
リーとは、縦軸にシステムを構成するサブシステムを並べ、横
軸に作業スケジュールを描いた線表です。

　各サブシステムの開発スケジュールはそれぞれのチームで詳
細な計画を立てますが、ITアーキテクトは個々のスケジュール
を踏まえて全体のスケジュール（マスタースケジュール）を立
て、クリティカルパスを意識して整合性を確認します。また、
ファシリティー関係の作業スケジュールとハードウエア設置ス
ケジュールも記載し、「ファシリティー作業の完了時期とハー
ドウエア設置開始時期に矛盾がないか」「ハードウエア設置完
了時期と、環境構築を開始する時期に矛盾がないか」などを確
認しています。テスト計画とテスト環境の整備計画の整合性も
確認しなければなりません。

このようにシステム基盤のスケジュールは様々な要素が複雑に絡み合ってくるので、それらが矛盾しないかを確認し、すべての作業の整合を取りながら進めます。そのため、A4用紙よりも大きなA3用紙に全体を描き、視認性をよくして関係者全員で確認します。

　システム基盤の構築計画を作る際、私は、プロジェクトメンバーが総出でシステムテストをしている状態をゴールとしてイメージします。何もないマシン室の状態からシステムテストができるまでに必要な作業をすべて洗い出し、その作業を積み上げて作業計画を立てます。誰かが作った作業計画を確認する際も、自分ですべての作業をイメージし、その作業に漏れがないか、作業と作業に関連があるときはその関連に矛盾がないかを確認します。「すべて」というのがポイントです。そうでなければ、その計画には漏れがあり、うまくいきません。

　まず、目に見える作業と目に見えない作業に分けます。目に見えるとはハードウエア系作業、目に見えないとはソフトウエア系作業です。

　ハードウエア系作業とは、機器発注、搬入、設置、そして現地調整という作業です。また、機器を発注して設置する前には、当然ファシリティー系の工事が完了していなければなりません。

第6章　システム基盤構築はストーリーを描く

マシン室内の電源、空調といった設備工事がスケジュール化されているかを確認します。ハードウエア系に関しては目に見えるものなので、比較的わかりやすいと思います。何もない場所にハードウエアを設置し、ソフトウエア系の作業に引き渡す。その状態とするために必要となるすべての作業が挙げられているかをチェックします。ソフトウエア系は、OSやミドルウエア（ソフトウエア製品）のインストール、パラメーター設定、ファイル割り当てといった環境構築です。

　また、ネットワークの敷設・設定、クライアント環境の整備といったものも必要となります。開発拠点からサーバーに接続し、業務アプリケーションをテストできる状態にするまででも、こういった作業を計画する必要があります。そのほか、運用テストを実施できるようにするには、スケジューラー、ジョブネットの設定、JCL、シェルの準備など、業務アプリケーションの起動環境の整備も必要となります。

面積（対象機器）と高さ（構成要素）で 立体的に計画する

　システム基盤構築の作業は、対象サーバーによらない共通のファシリティー系の作業、サーバーやストレージなどのハードウエアの設置、それらを接続するネットワーク工事、サーバー

110

ごとのインストール作業、環境設定、ネットワーク環境設定に大別されます。ファシリティー系の作業から順次構築作業を進めていきますが、システム基盤構築は「面積」と「高さ」で立体的に計画されなければなりません。「面積」は対象機器の範囲、「高さ」は構成要素の積み上げです。

ハードウエアを物理的に置くわけですから、置き場所が「面積」です。システムを構成するすべての機器について、どこに何を置くのかを考え、設置工事が漏れなく計画されているか（面積）を確認します。個々のハードウエアについて詳細にスケジュール化することは必要ですが、全体の網羅性の確認がポイントなので、設置すべきものがすべて検討の土俵に載っているか、つまり面積の正しさを確認します。

ここで漏れると、その影響は物理的な設置場所の確保からテスト計画までプロジェクト全体に波及します。メインフレーム系の装置、○○サブシステムの装置といった切り口で機器をグループ化して抜け漏れがないようにするとか、担当チームごとに構築を実施するハードウエアを挙げて対象を洗い出すとか、いろいろなやり方で検討すべき対象を漏れなく洗い出します。

次は「高さ」です。個々の機器に対して、ソフトウエア構成図の一番下から順番に、システムの構成要素を積み上げるイメー

第6章　システム基盤構築はストーリーを描く

ジのことです。サーバーのソフトウエア構成図を描くと、一番
下にOSがあります。その上にミドルウエア（ソフトウエア製品）
があって、さらにその上に基盤アプリケーションがあり、さら
にその上には業務アプリケーションがあります。これらはシス
テム基盤構築においても、下から順番に作業して積み上げてい
きます。すべてのサーバーに対して、その構成要素を確認して、
下から順番に積み上げるイメージでスケジュール化されている
のかを確認します。

　具体的には、サーバーごとのソフトウエア構成図に記載され
ているソフトウエアのインストール、パラメーター設定がスケ
ジュールされているかを確認します。またパラメーターを設定
するためには、パラメーター設計が必要ですから、パラメーター
設定の前に、パラメーター設計がスケジュールされているかど
うかも確認します。業務アプリケーション、JCL、シェルなど
の資産を反映するスケジュールも確認する必要があります。こ
ういったシステムの構成要素を洗い出し、順番に積み上げるス
ケジュールとなっていなければ、下の要素のスケジュール漏れ
で、上の要素の作業ができなくなってしまいます。

　面積（対象機器）と高さ（構成要素）で立体的にシステム基
盤構築を計画することをお薦めします。

112

設置工事、環境構築を
マスタースケジュールに記載する

　ハードウエア更改を伴う大規模なシステム更改プロジェクトの場合、システム基盤の構築作業がプロジェクトのクリティカルパスになると説明しました。マスタースケジュールには、設備工事、ハードウエアの発注・搬入・設置といった設置工事、その後の環境構築といったシステム基盤を構築する作業を必ず記載しなければなりません。

　よく見かけるダメなマスタースケジュールは、業務アプリケーションを開発するスケジュールのみを記載したスケジュールです。プロジェクトに参画する多くのメンバーが業務アプリケーションの開発に従事するので、システム基盤の構築作業はプロジェクト内での認識が低くなりがちです。だからといって、クリティカルパスになりやすいシステム基盤のスケジュールを忘れてはいけません。

　業務アプリケーションを開発したりテストしたりするには、開発環境やテスト環境がなければ実施できません。業務アプリケーションの開発・テスト計画と、システム基盤を構築するスケジュールの両方をマスタースケジュールに記載し、その整合が取れているかを確認して意識統一を図ります。そうしなけれ

113

第6章 システム基盤構築はストーリーを描く

ば、業務アプリケーションの開発・テストに大きな影響を及ぼすことになります。業務アプリケーションの開発・テスト環境として、どのタイミングでどういった環境を提供するのか、しっかりと認識を合わせ、事前に合意して進める必要があります。

　また、システムテストに向けては、業務アプリケーションの単体テストや結合テストと並行して、本番環境を前提とした業務アプリケーションの動作環境の正しさを検証する作業を並行して進め、それらをシステムテストで連携させて確認します。この2つが合流するポイントは、プロジェクトの重要なマイルストーンとなるため、そこに向けた計画の整合を前もって確認しておかなければ、システムテストを計画通りに開始できなくなります。

　設備工事のスケジュールにも注意が必要です。設備工事は、一般にSEではなく、プロジェクト外のメンバーが実施すると思います。プロジェクト外のメンバーが実施する場合こそ、スケジュールに不整合が発生するリスクが高くなりますので、プロジェクトのマスタースケジュールに設備工事のスケジュールを記載し、ハードウエアの設置工事のスケジュールとの矛盾がないか、前もって確認し、プロジェクトを進めなければなりません。

機器を設置するだけでも
考えることは山ほどある

　大規模システムであれば、そのすべての機器を設置するには、データセンターのワンフロアーを専有する程の広さを要します。おおよそ1000平米前後でしょうか。相当な広さです。また、使用する電気量、機器の発熱量も相当な量になります。

　私が実際に担当した例を紹介します。災害対策システムを地方のデータセンターへ移設する際、必要となる電力量を事前に計算したところ、そのデータセンターの既存の電力設備では賄えなかったため、電力設備の増強が必要になりました。また、しばらく使っていなかったフロアーをワンフロアーすべて使用することになり、内装もすべて作り直すことになりました。

　その際、天井を一旦はがしたのですが、ファシリティーを担当する方から、「天井を張ると空気の巡りが悪くなって冷却効率が下がる。天井を張らずコンクリート打ちっ放しの状態にしておいたほうが良い」とアドバイスされました。しかし、そのシステムのオーナーであるお客様が反対されたので天井を張ることになり、マシン室内の空気の巡りをコンピュータでシミュレーションし、問題ないことを確認しました。

第6章 システム基盤構築はストーリーを描く

　ケーブルの敷設にもノウハウがあります。大規模システムであれば、多数のサーバーやストレージを接続することになるため、設置フロアーのフリーアクセスの下には、何万というケーブルが張り巡らされます。通信ケーブル、電源ケーブルなどです。仮にぐちゃぐちゃの配線をしてしまうと、フリーアクセス下の空気の流れが悪くなり、冷却効率が下がってしまいます。フリーアクセス下の空気の流れを妨げないためには、一定方向にケーブルを流す必要があります。そのため、各ハードウエア装置の設置場所は、ハードウエアの接続構成を見ながら、ケーブル配線も意識して決めていきます（**図6-1**）。

　機器の搬入においても意識することがあります。ディスク装置の集積度が上がって機器が重くなってしまい、搬入ルートの床が荷重に耐えられずに抜けてしまったと聞いたことがあります。また、メインフレームなどの大型の機器を搬入する場合に

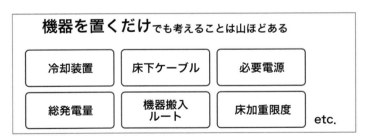

図6-1 機器設置の際に考えること

は、搬入ルートを通れるのか事前に現地に行って確認します。また、分割して搬入するため、それを組み立てる場所も検討します。順番にマシン室に設置するわけですから、設置の順番も考えておかないと、先にフロアーの入り口に近いところに大型の機器を設置すると、その奥の機器が搬入できないような事態になりかねません。

　これらの詳細をSEがすべて知る必要はありませんが、概要を理解していれば、設置工事やファシリティー担当者との調整をスムーズに進められます。

ファシリティー要件の提示は 長いリードタイムを意識する

　データセンターの電力・空調設備などは特注品を使用することが多いので、ファシリティー工事の期間は一般に長期間になります。システム開発でも突然の対応は難しいものですが、ファシリティーの場合はその単位が全然違います。「2年前に言ってくれ」とか、「特注品になるので物を作るだけでも半年かかる」といった話を当然のようにされてしまうことがあります。

　私が経験したあるシステム更改で、更改の大方針も決まっていないタイミングで、データセンターの設備担当の人から「次

117

第6章　システム基盤構築はストーリーを描く

のシステムで必要となる電力量を提示してください」と言われ
てびっくりしたことがあります。こちらとしては何も決まって
いないので、まったく見当もつきません。一方で設備担当者か
らすれば、今から動き出さないと間に合わないと判断されたよ
うです。このケースでは、どんなシステムになったとしてもハー
ドウエアの省電力化は進むであろうと想定し、現行システムベー
スで試算し必要となる電力量を提示しました。場合によっては
システム要件が曖昧な状態においても、見込みでファシリティー
要件を提示しなければならないこともあります。

「普通作ってあるだろう」と考えるのは厳禁

　スケジュールを細かく確認していく際、個々の作業について、
その作業が実施できる環境が前工程ですべて構築済みであるか
どうかを確認します。個々の作業を具体的にイメージし、その
作業に必要となるものは何か、それは事前に準備済みであるか
どうかを考えます。これは、実際の現場でプロジェクトを推進
していく際に、私がものすごく意識していることです。

　簡単な例では、当たり前ですがハードウエアが設置されてい
なければ、ソフトウエアのインストールはできません。操作端
末のセットアップが完了していなければ、端末を利用した構築
作業はできません。単純なことなのですが、これは結構忘れが

118

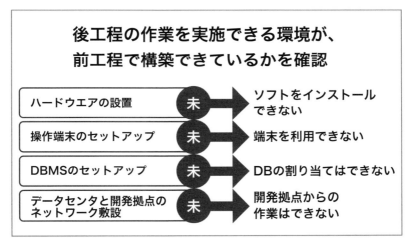

図6-2 スケジュールを確認する際のチェックポイント

ちです。マシン室に行って5人で一斉に作業をしようと思ったら、まだ操作端末が2台しかセットアップできていないといったケースです（**図6-2**）。

　データベースの割り当てをしようと思っても、DBMSのセットアップが完了していないと割り当て作業はできません。データセンターと開発拠点のネットワークが敷設されていないと、開発拠点からの作業はできません。「構築済みのはず」「普通作ってあるだろう」と考えるのは厳禁です。

第6章　システム基盤構築はストーリーを描く

主幹となる作業チームを順次推移させる

　大規模なシステム開発プロジェクトでは、基盤系も複数チームに分かれていることが一般的です。例えば、SG（System Generation）チーム、ネットワークチーム、DBチーム、制御系アプリケーションチームなどがあります。ソフトウエア系のシステム基盤構築の作業は、システムの構成要素をソフトウエア構成図の一番下にあるOSから順番に積み上げるイメージで構築していきます。この積み上げていく構築スケジュールにおいては、主幹となる作業チームがOSに近いチームから業務アプリケーションに近いチームに順次推移するスケジュールが理想です。チームをまたがった作業の引き継ぎは、作業調整の負荷を高める要因になります。ですから、積み上げる順番に、主幹となる作業チームが順次推移していって逆戻りしないのが理想です。別の見方をすると、作業スケジュールを立てた時にそれが可能となるようなチーム編成にすべきです。

　SGチームがOSとミドルウエア（ソフトウエア製品）をインストールし、パラメーター設定も終わったら、SGチームは主幹をDBチームとか制御系アプリケーションチームに引き継ぎ、それ以降主幹にはならないようにスケジュールを立てます。こうならずに、例えば、DBチームに主幹を引き継いだ後に、またSGチームが主幹を担当すると、主幹が行ったり来たりして

120

現場は混乱します。正しく計画されていれば、順次積み上げるスケジュールになっているはずです。主幹が逆戻りする場合には、構築スケジュールが矛盾している可能性もあります。

　また、主幹チームが切り替わるタイミングをマイルストーンとして定め、何がどういう状態で構築されているのかといった構築レベルを明確にし、引き継ぎするチーム間で合意します。後工程のチームが作業するために必要となる環境を具体的にイメージした上で、前工程のチームにその環境を伝え、構築レベルの認識を合わせます。同一チーム内であれば、保有するスキルも同様であり、コミュニケーションも円滑に進みますが、チームをまたがった作業の引き継ぎにおいては、認識齟齬による手戻りが発生しがちです。作業スケジュールを検討する段階で、こういった取り組みを実施し、手戻りの防止を図ります。前工程のチームが独りよがりでマイルストーンでの構築レベルを決めるのではなく、後工程のチームがきちんと希望する環境の状態を伝え、構築レベルを提示することが重要です。

システムパラメーターは 必ず「現物」を基に設定する

　システム更改において後継製品を使う場合、皆さんはそのシステムパラメーターを何を基に設定しているでしょうか。私は

第6章　システム基盤構築はストーリーを描く

設計書を基にせず、現行システムの本番環境を基に設定します。
設計書を基にシステムパラメーターを設定しても問題ないのが
あるべき姿ですが、現実には設計書と実際の環境が同一である
保証はありません。例えば、前回構築時の作業中に発生したト
ラブル対応により、急きょマシンの設定値のみ修正し、設計書
の修正をしていなかった、といったケースは起こりがちです。

　以前、私はシステムパラメーターで痛い経験をしました。シ
ステム更改をする際、新システムが動き出すまで、更改対象の
システムは本番環境として動作しています。本番環境の設定を
参照するにはセキュリティ対策の面からそれなりの手続きを求
められます。これを面倒に感じて、設計書に基づいて新システ
ムのパラメーターを設定したところ、現行システムと異なった
動作をし、なかなか同じ状態にすることができませんでした。
結局、本番環境の設定値を基に再設定することになりました。
OSのバージョンアップに伴うパラメーター修正も一部加えて
いたので非常に苦労しました。

　設計書の修正漏れはあってはならないことですが、ムダな作
業を発生させないためにも、システムパラメーターは現行シス
テムの本番環境を基に設定することを強く推奨します。仮に、
システムパラメーターに相違があった場合、テスト期間中に検
出できればまだマシですが、例えば負荷が高まったときだけと

122

か、特殊な運用をしたときだけそのパラメーターが有効になる
ような場合だと、テストではなかなか見つけられません。テス
トで見つけられなければサービス開始まで不具合は残存します。
パラメーター設定というのは、こういった細かいノウハウを反
映した結果決まっていますから、必ず「現物」を基に設定すべ
きだと思います。

　システムパラメーターのことを説明しましたが、メインフレー
ムであればバッチ処理のJCLや、SYSINなども同じです。こう
いった資産は、余程厳格に原本管理されていない限り、本番環
境で実際に動作しているものを利用することで無用なリスクを
低減すべきです。

第 7 章

システムテストの
神髄は「再現性」

第7章　システムテストの神髄は「再現性」

　「サービス開始後に不具合を起こさないよう、内在する不具合をサービス開始前に事前に検出する活動」。これが私のテストの定義です。「業務アプリケーションの品質を担保する」と同じではありません。

　ハードウエアを含めたシステム更改を実施する場合、本番と同一のシステム環境において、本番を想定したオペレーション、運用手順によりシステムを稼働させ、不具合がないことを確認しなければなりません。ポイントは、「本番を再現する」ことです。本番とまったく同じ状態でシステムを動作させることができれば、もし不具合があれば必ず検出できます。ですので、どこまで本番を再現できるかが重要です。

A3用紙にテスト範囲を描く

　テスト工程が完了した時点では、当然ですがテストで確認すべき範囲がすべて確認されていなければなりません。テスト完了時点での網羅性が重要です。テスト完了時点での網羅を担保するために、アプリケーションの結合テスト開始前に、システム構成図を下絵にA3用紙に「テスト範囲図」（**「A3用紙に描く図の簡易サンプル」p.19参照**）を描き、システムの連携範囲と連携するルートを明確化します。

126

システムの連携範囲は、まとまった一つの機能を構成する個別機能の連携であったり、サブシステム間の連携であったり、テストの目的に応じて様々です。システム構成図を下絵にすることでハードウエア、業務アプリケーション一体で確認範囲を明確にできます。

　このとき、要件定義フェーズやシステム基盤設計で作成した「機能配置図」「処理方式図」が活用できると思います。テスト工程が進むごとに確認対象とする連携範囲を広げていきます。アプリケーションのロジックに着目した機能連動だけでなく、システム構成図を下絵に連携ルートを明らかにすることで、ハードウエア、ネットワークを含むシステム基盤も含めたシステム全体を対象とした確認観点を明確にできるのです。

　アプリケーションの結合テスト開始前にA3用紙に連携範囲を描いておかないと、計画的にテストを推進できず、テストを進めるたびに確認対象の範囲がどんどん広がるので、テスト完了時点での網羅性を担保することが難しくなります。また、当初期間内でテストを完了できないことにもなりかねません。連携範囲が広がれば広がるほど、テスト実施のための調整範囲も広がりますから、連携範囲を明らかにすることは、こういった調整を進めるための調整先と調整内容と調整稼働を前もって把握するためにも有効です。

第7章 システムテストの神髄は「再現性」

　外部システムや他ベンダーが構築するシステムと接続テストをする際、システム構成図には、構築対象システムの範囲だけでなく、接続先システムと、そのネットワークも記載します（**図7-1**）。

　このように図解した資料を活用し、接続対象システムの担当

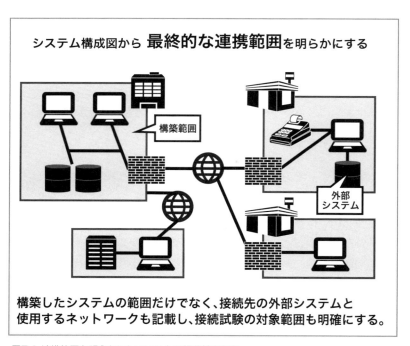

図7-1 連携範囲を明らかにしてテストの網羅性を担保

者とどういったテストを実施するのか、その実施時期はいつか、といった調整を進め、意識の相違をなくすようにします。図解資料を準備せず調整を進めると、確認範囲が明らかにならないため、思わぬ意識の相違が起こりがちです。外部システムや他ベンダーが構築するシステムとの接続テストにおいては、テスト直前で慌てることのないよう、プロジェクト内の調整よりも前倒しで調整します。

全ルートを網羅した
「END to END」テストを実施する

　サーバー、ルーター、スイッチなどを描いたシステム構成図を下絵に、業務別に、正常時だけでなく、故障時のう回ルートも含めた、論理的な接続ルートを記載します。そして、この図を基に関係するメンバーでテスト項目を抽出します。システムのどの部分（サーバー、ネットワークなど）をどのように（現用待機構成、両現用構成、正常ルート、異常ルートなど）経由するのかを関係するメンバーで共有することがポイントです。また、それを利用する業務別に実施することもポイントです。最終的な「END to END」テストの前段階として、各チームが担当する範囲をどの工程で、どこまで確認するのかもこの図を基に明らかにします。

129

第7章　システムテストの神髄は「再現性」

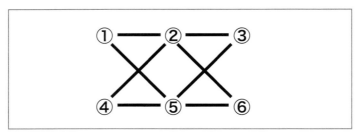

図7-2 メッシュ状ネットワークの例

　故障時の論理的なう回ルートを業務別に明らかする必要性を具体例で説明します。ネットワーク機器が多段構成、かつ、物理的なルートはすべてメッシュ状になっているネットワークがあるとします（**図7-2**）。

　正常時は①→②→③の通信ルートのみ利用しているとします。ここで例えば、②の機器の故障を想定してください。う回ルートは①→⑤→③でしょうか、①→⑤→⑥でしょうか、④→⑤→⑥でしょうか。せっかくメッシュ状の構成にしているのですから、故障した機器のみをう回する①→⑤→③とするのが一般的だと思います。

　④→⑤→⑥であれば、そもそも物理ルートをメッシュ状にしている意味がありません。ただ厄介なのは、複数の業務でネットワークを共有している場合です。ネットワークを共有してい

るくらいですから、下位プロトコルはTCP/IPだとしても上位プロトコルは異なる場合があります。その場合、上位プロトコルの制約から普通では考えられない④→⑤→⑥がう回ルートになる場合があり得ます。

　ここで言いたいことは、う回ルートは必ず業務別に明らかにすることです。これは設計時点で明確にすべき項目で、テスト項目はその設計内容にしたがって抽出することになります。

テスト計画は工程ごとの 再現性の高まりを確認する

　テスト工程が進むにつれて、プログラムベースの確認からだんだんとオペレーション、事務フロー、通常・異常時のシステム運用といった本番運用ベースの確認に推移していきます。その推移に応じて、テスト環境も徐々に本番に近づけていくことになりますが、この際、テスト工程ごとのテスト環境が、本番と比べてどこが同一でどこが異なるのかを把握しておく必要があります（**図7-3**）。

　別の見方をすると、テスト計画に合わせて、そのテスト工程を実施する場合、その時のテスト環境をどこまで本番環境に近づける必要があるのか見極めておくということです。テスト環

第7章　システムテストの神髄は「再現性」

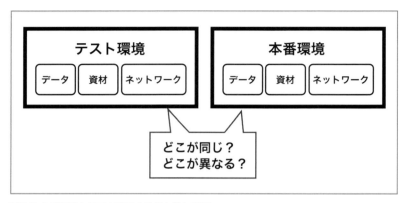

図7-3 本番環境とテスト環境の差異を常に把握

　境が一部本番環境と異なる場合、その環境でテストすることは有効なのか、テストして意味があるのかを確認します。テストで不具合が見つからなかった原因を探ったところ、「テスト環境が本番環境と異なっていました」といった話はよく聞きます。

　では、すべてのテストを本番と同一環境で実施する必要があるかというと、それは違いますし、現実的にそれは不可能です。アプリケーションだけに閉じた確認であれば、そのアプリケーションに影響を与えないものについては、本番環境と同じである必要はありません。システム更改のプロジェクトであれば、テスト工程の推移に応じて、テスト環境が徐々に本番環境に近づいて最後に本番環境とほぼ同一となります。テスト計画を立

てる際には、こういったテスト環境の推移も合わせて計画し、どのテストはどういった環境で実施するのかを明確にし、プロジェクト全体で事前に認識を合わせておく必要があります。

　アプリケーションの結合テストまではテスト環境、それ以降のシステムテストからは本番環境に準拠させる、というのが基本的な考え方だと思います。これを実施しておかないと、先ほどの例のように「テスト環境が本番環境と異なっていました」といったことになりかねません。

　テスト環境が本番環境となる前にやっても問題ないテスト、本番環境になってから実施しなければ意味のないテスト、これらを色分けして、テスト環境の推移、テスト工程ごとの連携範囲の拡大を考慮しながら、テスト実施時期を決めていく必要があります。

　テスト計画を作るときには、テスト項目を中心に考えがちです。「このテストはこうやろう、ああやろう」と一生懸命考えるのですが、そのとき、どういった環境でテストしないと意味がないかを一緒に検討しなければなりません。

　ただし、外部センターとか他ベンダーが構築しているシステムとの接続テストの場合は、その相手先まで本番環境とするこ

133

第7章　システムテストの神髄は「再現性」

とはできません。その場合は、「本番環境と違うところがどこなのか」「その影響でテストできない項目は何なのか」「代替で確認する手段はないのか」などを検討することが必要です。

実害がなければ問題にはならない

本章の冒頭で、私の考えるテストの定義は「サービス開始後に不具合を起こさないよう、内在する不具合をサービス開始前に事前に検出する活動」だと説明しました。サービス開始以降に不具合が出ないように確認することがテストの最終的な目的です。プログラムロジックにこだわって、実運用では起こりえないレアケースを一生懸命テストしても目的に合致しません。本番に即して、どこまで確認できるかがポイントなので、本番で起こりうる運用パターンを漏れなく確認するなど、実際に本番で起こりうることを優先して確認すべきです。

当然ですが、テスト工数をかければかけるほど品質は向上します。確かに向上しますが、だからといって、無尽蔵に工数をかけられるわけではありません。ならば、本番で実施するオペレーションや事務フロー、本番運用で必ず使う運用手順を優先的にテストすべきです。頻度や重要性の高いものから徐々にテストしていくといった、重み付けという考え方が必要だと思います。

アプリケーションはシステム構成要素の1つでしかないので、アプリケーションの品質だけを追求しても仕方がありません。システム基盤の品質なども含めた、システム全体の品質をどのように担保するかが重要です。完璧なアプリケーションが完成しても、その動作環境がボロボロではどうしようもありません。

「アプリケーションの潜在バク」と「システム基盤環境の設定誤り」なら、どちらの罪が重いでしょうか。当然後者です。潜在バクは潜在である限り、誰にも迷惑はかけません。限られたテスト工数の中で、サービス開始後にお客様に迷惑をかけない、つまりサービス開始後に実害を起こさないという視点でテストすることが重要かつ、基本とすべき考え方です。

本番を再現できないから
不具合を見つけられない

サービス開始後に発生する不具合を見つけるには、システムの環境やシステムの使われ方が本番に即していなければなりません。プログラムロジックにこだわっても、その動作する環境や使い方が本番と異なっていれば本番で起こりうる不具合を検出することはできません。逆に言えば、本番を再現できれば、不具合は必ず見つけることができます。

第7章　システムテストの神髄は「再現性」

　本番とまったく同じ状態を再現してテストをしていたのに、サービスを開始した後に不具合を検出したというのは聞いたことがありません。テストはしていたが環境が違っている、手順が違っている、処理のタイミングが違っているなど、何か違いがあって、まったく同じ状態でなかったから見つけられていないのです。

　システムの処理量はテストと本番で大きな違いがあるので、処理タイミングのバリエーションに関する不具合は見つけられないことが多いです。例えば、複数同時に処理する、並行処理するバッチ処理の処理順序が前後する、連携する処理間の処理シーケンスの違いなど、本番運用に即して、こういったバリエーションをどこまで再現してテストできるかがサービス開始後の品質に影響を及ぼします。

　私の経験を話します。システム更改をした後、オンライン機能を一部停止させるトラブルを発生させてしまいました。原因は、オンライン取引を制御するプログラムの過負荷制御のバグでした。ではなぜ、テストで検出できなかったのか。このプロジェクトの受け入れ試験では、オンラインのピークの時間帯を想定した取引量で性能評価しており、しかも、本番と同様にお客様が利用する端末から入力してテストする念の入れようでした。でも、バグを検出できなかったのです。

136

実はこの不具合は、端末からのオンライン取引が発生している状態で、外部センターから対外系取引がシステムに入力された時、過負荷ではないにも関わらず誤って過負荷と判断し、対外系取引にエラー応答してしまうといった事象でした。

　先の受け入れ試験では、オンライン取引をしているときに対外系取引を1件も投入していませんでした。1件でも投入していれば検出できたのです。端末からの取引がシステムに入力されている状態で対外系取引も入力されるというのは、実運用では当たり前の状態です。サービス開始後の状態を再現しなかったがために、この不具合を検出できませんでした。

　本番と同じ状態を作り出して確認すれば、必ず不具合は見つけられます。品質を向上させるためには、本番と同じ状態を再現してテストすることにこだわるべきだと思います。

処理内容の割合によって システム負荷が変動する

　オンライン処理のシステム負荷は、処理量だけでなく、処理内容の種類の割合にも変動します。オンライン取引が1種類だけといったシステムは聞いたことがありません。たいていは複数の種類があります。その種類ごとにプログラム命令の種類と

第7章　システムテストの神髄は「再現性」

数は異なるので、システムへの負荷も異なります。

　私が担当している金融系のシステムでは、オンライン処理取引の種類によって、CPU負荷に2倍から3倍の差があります。そのため、システムの性能を評価する際、ピーク時間帯に発生する取引の割合（「トランザクションミックス」と呼ぶ）を意識して実施する必要があります。負荷の低い取引ばかり投入すれば、当然単位時間当たりの処理件数は増加します。逆に負荷の重い取引ばかりであれば、単位時間当たりの処理件数は減少します。

　本番運用の取引の割合と合わせなければ、正しい性能評価はできません。先の金融系のシステムでは、性能評価テストで想定したよりも、実際は重い取引の処理割合が高く、80〜90％程度と予想していたCPU使用率が100％となり焦った経験があります。それぐらい、オンライン取引によってシステムへの負荷は異なります。

バッチデータの起源は
マスターファイルと取引ログ

　バッチで処理するデータは、ある時点のマスターファイルとオンライントランザクションの取引ログであることが一般的で

す。つまり、バッチ処理の最終的なアウトプットである帳表や、他システムに連携するファイルは、もともとはマスターファイルと取引ログであり、それらが"起源"だということです。

　電文系の処理で「END to END」という概念を既に説明しましたが、データフローに着目したときの「END to END」という考え方もあります。「END to END」の片方のENDはマスターファイルと取引ログ、逆側のENDが一連のバッチ処理を経て作成される帳表や他システムに引き渡すファイル。その途中にあるのが個々のバッチ処理です。

　バッチ処理のテストは、マスターファイルと取引ログから最終的なアウトプットに至るデータフローに着目します。入力とするマスターファイルと取引ログを可能な限り本番に近い状態にして、一連のバッチ処理を経た最終的なアウトプットの妥当性を確認する。入力とするマスターファイルと取引ログを可能な限り本番に近い状態にするのがポイントです。理想的にはデータの値だけでなく、その量も本番相当とします。バッチ処理の起源はこの2種類のデータですから、これらを本番相当にすることによって、途中のバッチ処理の確認環境も基本的に本番相当にできるのです。

　ここでの確認は、バッチのアプリケーションだけでなく、バッ

第7章　システムテストの神髄は「再現性」

チ走行環境も含めた総合的なものです。したがって、そのテスト項目の抽出においては、業務仕様の確認だけでなく、バッチ処理で設定する各種パラメーターが問題ないかも意識するとともに、非機能面ではファイル容量や処理時間なども併せて確認しなければなりません。

動かし続ければシステムの状態は変化する

　システムを起動したまま運用を続けていれば、メモリーリークやディスクのフラグメンテーションなど、システムの状態は何かしら変化します。こういった不具合は、極力本番に即した運用状態で連続運転させなければ検出できません。

　確認する観点を挙げて、本番運用前に、本番に即した状態で連続稼働させます。1週間連続運転させるシステムなら1週間、2週間なら2週間など、極力、本番時の連続運転期間と同一期間になるように計画します。事前の連続運転の確認が十分に行えないのであれば、保障できる期間内で、システムを再起動する運用を検討すべきです。

　私の経験則ですが、基幹系業務で利用するようなメインフレームやハイエンドサーバーは比較的問題ないことが多いですが、ローエンドサーバーを使う場合は要注意です。サーバーの運用

140

をあまり深く考えず、メンテナンス時以外は起動したままにするケースもあると思います。業務の重要度によらず、サーバーの再起動運用の検討と、それに沿った連続稼働試験を実施すべきです。

同じスケジュールで動かさないと
見つからない不具合

本番では24時間稼働するシステムでも、テスト時は稼働スケジュールを短縮してテストすることが一般的だと思います。だたし、この短縮した稼働テストでは、バッチ処理の重なり具合が確認できないし、スケジュールと連動した制御の仕組みも本番での運用状態と一致しなくなります。

処理タイミングや処理シーケンスのパターンによって発生する不具合がありますが、短縮した稼働テストでは、こうした不具合を検出できる可能性が低くなります。本番の稼働スケジュールに即した運用テストを計画すべきです（**図7-4**）。

私が最近担当したシステム更改プロジェクトでは、災害対策システムの方式を大幅に変更しました。プライマリーとバックアップの2つのセンターを連動させる処理タイミングには、それぞれのセンターの稼働状況によって様々なバリエーションが

141

第7章　システムテストの神髄は「再現性」

図7-4 短縮稼働スケジュールでは再現できない

あります。アプリケーションの結合テストでタイミングに応じたテストを実施し、短縮稼働ですが2つのセンターを連動させたテストも実施しました。しかし、私は本番と同じスケジュールで稼働させてみるべきだと考え、本番運用で起こりうる運用パターンを洗い出し、短縮しないで稼働させてテストしました。

では、本番と同じ稼働スケジュールでテストすれば、すべてのバリエーションを網羅できるかというと、それも無理です。完全に網羅することは無理ですが、より多くのバリエーションを確認できるのは間違いありません。

こういった確認は、テストでそのタイミングを狙って作り出しても、不具合を検出することに限界があります。具体的なテスト項目はともかく、まずは本番運用を忠実に再現し、処理結

果、例えばエラーメッセージだったりダンプだったりを念入り
に確認するといった考え方で取り組むのがいいと思います。

量と繰り返しに負けていないか確認する

　一般的な基幹系業務システムは、1日など一定の周期でほぼ
同一の運用を繰り返しています。繰り返しに関連する不具合も、
留意して見つけなければなりません。累積したときのファイル
の状態とか、世代のカウントとか、初期化のタイミングとか、
そういった部分の考慮漏れによって、繰り返し処理により異常
となるような不具合です。例えば、使用済みファイルを削除す
る考慮が漏れていると、ディスク容量の枯渇につながります。

　このような考慮漏れをなくすには、システム運転制御に関わ
る世代管理の処理をパターン化し、本番を想定してパターンご
とに繰り返しテストを実施することが必要です。世代管理の処
理パターンとは、例えば曜日、月次、期次、年次などの処理パ
ターンです。その単位ごとに処理を繰り返して実施した場合に
問題ないかを確認します。

　例えばある月の月次処理のアウトプットが翌月の月次処理の
インプットになるような場合、業務仕様としてその処理が問題
ないかと合わせて、世代管理の仕組みによって正しく対象のファ

第7章　システムテストの神髄は「再現性」

イルが翌月の入力となっているのかを確認します。データ削除の例であれば、一時ファイルの削除漏れによって、2回めに起動すると異常となるようなことがないかを確認します。

　繰り返しという観点からは、同一種類のデータが大量にある場合、問題がないかどうかという視点も必要です。例えば、正常取引と取り消し取引で取引ログを相殺するような処理であれば、本番を想定した大量のデータで確認しておかないと、予想外のトラブルが発生する可能性があります。

　アプリケーションのテストではデータのバリエーションに着目すると思いますが、繰り返し同じデータが入力されるというパターンはあまり確認しないと思います。本番を想定した場合、同一種類のデータが大量に入力されますから、そのような状態でも問題ないことをバッチ処理の運用環境も含めて確認することが大事です。

システム移行を考慮したテスト項目を抽出する

　システム更改プロジェクトでは、移行設計において、新システムの「開始状態」を設計しなければなりません。「開始状態」というのは、システムの日付や世代のことです。例えば、サービス開始日を正月明けの1月4日にする場合、システムの稼働

は事前の1月1日から始めるのか1月4日からとするのか、世代管理されているファイルの世代は、現行システムの世代を引き継ぐのか、それとも1から開始するのかといったことです。これをあらかじめ設計してシステムテストで確認しなければなりません。

　一般に、システムテストではある一定期間、連続してシステムを稼働させると思います。このテストを開始する際、何回か試行錯誤して開始状態を設定するでしょう。ではこの状態が新システム開始時の状態として適切かというと、それは違います。システムテストのことだけを考えて決めたものなので、新システムの開始状態として改めて検討する必要があります。また、テストを実施して確認することも必要です。

　しかしこれでは二度手間です。日付の制約などでまったく同じにすることは難しいかもしれませんが、システムテストの開始前に移行設計を実施し、システムテストの開始状態を新システム開始時のそれに合わせて実施すると効率的です。同じでない部分はその違いを明確にして確認すれば問題ありません。

　現行システムからのデータ移行と、新システム側のサービス開始前のシステム運用は密接に関連します。データ移行のやり方によっては、サービス開始前の日付からシステムを稼働しな

ればならないことも想定されます。したがって、現行システムからのデータ移行をシステムの運用に即して、どういったタイミングで実施するのかもシステム移行設計の検討項目にしなければなりません。

システムテストでは、システム移行を挟んだサービス開始時の一連のシステム運用が問題ないかをテストする必要があります。ここでも再現性が重要で、移行本番時の運用に極力近い状態を作り出し、一連の流れの妥当性を確認する必要があります。

外部システムとの接続確認は、変更レベルに応じて決定

外部システムとの接続試験では、①物理的な接続ルートを変えるだけなのか、②やり取りするデータのデータフォーマット

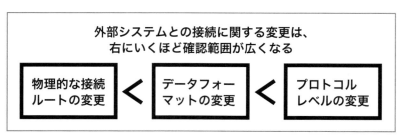

図7-5 外部システムとの接続確認は変更レベルを把握

まで変わるのか、③プロトコルレベルまで変えるのか、といった3つの視点があります。①が最も軽微な確認レベルで済み、③は最も入念な確認レベルになります（**図7-5**）。

　物理的な接続ルートの変更だけであれば、疎通確認さえできれば基本的に問題ありません。やり取りするデータの中身は変わりませんから。データフォーマットまで変更するのであれば、変更したデータを相手側のシステムに送り、そのデータを相手側のシステムで処理してもらって問題のないことを確認してもらわなければなりません。

　また、相手からも作成したデータを送ってもらい、こちらのシステムで処理して、問題ないかを確認する必要があります。プロトコルレベルまで変えるのであれば、正常系はもちろん、異常系も含めた接続シーケンスの確認まで詳細に実施する必要があります。

　外部センターとの接続試験の調整は、外部の方との調整になるため非常に面倒です。そのため「やれることだけやろう」という調整をしがちですが、そうではなく、先に挙げた3つの視点でテストすることが大事です。調整が面倒だからこそ、前もってプロジェクト全体で共有し、調整を進めるのです。外部システムとの接続確認では、接続するすべての外部システムを対象

第7章　システムテストの神髄は「再現性」

に変更レベルを明らかにして、それに応じた確認を実施する必要があります。

テスト範囲の境界を重ねることで
テスト漏れを防止

　テスト範囲の境界（役割分担）は、その担当する領域に応じて明確にすべきですが、システムテストでは、その境界を重ねて実施するテスト内容を検討します。そうしなければ、品質向上につながる有効な試験はできません。単純に言うと「関係するメンバー間でしっかりとコミュニケーションを取って連携してやりましょう」ということですが、業務系担当者と基盤系担当者の得意分野の違いからこれが難しいのも事実です。

　システムテストは、システム構成図を基に連携範囲を明らかにし、システムの構成要素に沿って実施します。上位の構成要素、例えば業務アプリケーションを本番に即して動作させた際、下位の構成要素、例えば基盤の制御系アプリケーション、パラメーター設定に基づくミドルウエア（ソフトウエア製品）、OSの動作が問題ないかを確認することになります。

　例えばネットワークを利用したオンライン取引やファイル転送などがわかりやすい例ですが、この場合、ネットワークその

ものには業務的な機能はありませんが、それを利用する業務が
ネットワークを利用して問題なく実施できるかを確認します。

　こういったテストを実施する場合、基盤系の担当者が、担当
範囲の業務や機能をよく理解していなければ、本番に即した有
効なテストはできません。システムテストとは、上位の構成要
素と下位の構成要素が連携して動作するかどうか確認するテス
トです。担当者同士で連携内容を話し合わず、思い込みでバラ
バラにテストをしてしまい、結果的に「有効な確認になってい
なかった」といった例をよく聞きます。テスト項目を終わらせ
ることしか考えが及ばす、「システムの動作が問題ないか」と
いう本来確認すべき視点が抜け落ちているとしたら、それは本
末転倒です。

　基盤系技術者が担当する範囲は、一般的に業務機能の下位レ
ベルに位置づけられます。基盤系担当者と業務系担当者が連携
して明確にしなければならない点は、主に次の2点です。

１．上位の業務機能の視点でどういったテストが予定されてい
　　るのか
２．非機能要件の確認に際して、どういった業務が影響し、そ
　　の確認のために、本番に即してどういった業務シナリオで
　　テストを実施しなければならないか

149

第7章　システムテストの神髄は「再現性」

　例えば、上位の業務視点である機能のテストを予定していて、その機能と自分が担当する制御に関連があれば、そのテストの実施を待って、業務と連動した動作が問題ないかを確認します。もちろん業務的に問題なかったかどうかも積極的に情報収集すべきです。

　下位の制御の作り込みの正しさを確認するために、上位にその制御が動作するテストシナリオを考えてもらうことも必要です。例えばネットワーク故障を想定した場合、故障を上位の業務側に通知することで副ルートに業務側が切り替える場合があれば、上位が検知しない時間でネットワークを副ルートに切り替える場合もあります。お客様が意識するのは業務処理に代表される上位の構成要素の動作ですから、制御系の動作の確認は業務シナリオに沿って確認しないと意味がありません。

故障したハードウエアは交換できますか？

　信頼性テストでは機器の故障を想定したテストを実施します。冗長化しているハードウエアの片系が故障しても業務継続できるかどうかといったテストです。本番運用に即して考えれば、故障したハードウエアは何かしらの手順で交換します。片系で業務継続できることだけでなく、故障したハードウエアの交換手順も整備しておく必要があります。実際に交換して確認でき

れば理想です。

　私は、交換する機器への設定を誰が実施するのか、そのルールを整備していなかったために、運用担当者に迷惑をかけたことがあります。交換用にベンダーから送付されたハードウエアには何の設定もなされておらず、コンフィグレーションやパラメーターを適切に設定しない限り、そのハードウエアは機能しません。コンフィグレーションやパラメーターを誰が管理するのか、交換するときには誰が設定するのか、といったところまで、ちゃんと想定して手順を整備しておかないと本番運用ができません。開発担当と維持運用担当は組織が分かれていることが多く、開発プロジェクトにおいて保守維持の視点は抜けがちです。維持運用部隊と連携して計画しておくことが必要です。

　そのほか、活性交換（稼働中に部品を交換すること）を想定しているのであれば、業務に影響することなく活性交換できるかどうかをテストする必要があります。また、部分的に停止して交換を実施するのであれば、その部分的な停止手順がシステム全体に影響を及ぼさないかを確認することが必要です。

　だたし、大規模システムであれば、すべてのハードウエアの交換手順を確認するのは現実的に不可能です。その場合、他システムでの導入実績を利用します。同じハードウエアが他シス

第7章　システムテストの神髄は「再現性」

テムで導入され、そのシステム特有の要素がないのであれば、そのシステムでの交換手順の実績を持って、確認に変えるのです。このようなテストの範囲は、その発生頻度、重要性、システム個別要素などを加味して選定するのが現実解です。

最後はお客様に運用してもらうこと

　サービス開始後のシステム運用の主体がお客様であれば、サービス開始前の受け入れ確認テストにおいて、実運用に即してお客様自身で確認してもらうべきです。開発ベンダー側でお客様運用に即して運用テストを実施することはもちろん必要ですが、それを実施したとしても、実際に運用をしてもらうと認識違いが起こりやすいからです。

　なぜ認識違いが起こりやすいか。システムの仕様調整は、お客様企業の中で開発に責任を持つ部署と実施するのが一般的です。一方で、システムを運用するのは運用を所管している部署です。仕様調整の場に運用を所管している方が出席されることは少ないので、どうしても運用に関する認識違いが起こるのではないかと思います。

　開発ベンダーの立場からすると「決めた仕様通りに作っているからそれでいいでしょう」と主張できなくもないですが、運

用上の問題があれば、サービス開始後に混乱することは目に見えています。サービス開始前にお客様に運用してもらって、運用者の視点で問題ないかどうかを確認するのは非常に重要なことだと思います。

　システムには運用手順書があります。システム更改の場合、まったく運用手順に変更がないとは考えにくいので、運用手順書も修正します。サービス開始後の混乱を避けるには、修正後の運用手順書に基づいて実際にシステムを運用し、問題なく運用できるかを確認することは重要です。

第 8 章

システム移行の鍵は計画の
具体化と品質の積み上げ

第8章　システム移行の鍵は計画の具体化と品質の積み上げ

システム移行計画もA3用紙で

　システム移行のポイントは2つあります。1つは、要件定義
段階から移行計画を検討することです。システムの移行方法は
システム構成など様々な要素に影響されるため、要件定義から
検討を開始し、設計・開発を通じて矛盾がないようにします。

　もう1つは、作業品質を確実に積み上げることです。システ
ム移行は本番1回しかチャンスがなく、しかも複数の手順を組
み合わせて実施します。大規模システムの移行の場合には、そ
の手順の数は何万にもなるでしょう。移行本番を成功させるに
は、この移行作業の品質を移行テスト、リハーサルを通じて確
実に積み上げていくことが重要になります。

　私は移行計画の検討においても、A3用紙を活用します。シ
ステム移行では、要所、要所で現行システムから新システムに
データを移行します。その対象とタイミングを、スケジュール
と図解を合わせたような資料でまとめます。何をいつ、どこか
らどこに移行するのかをわかりやすくまとめた「システム移行
ストーリー」（「A3用紙に描く図の簡易サンプル」p.20参照）です。
大規模システムの移行の場合、移行対象のデータによって、プ
ロジェクト内の様々なメンバーが移行に携わるので、こういっ
た資料で関係者の認識を統一するのです。

156

新システムが稼働しても一部は既存システムを使い続ける場合があります。センター側のシステムは更改するが、端末を使い続けるような場合です。その場合、接続先を現行システムから新システムに切り替えることになりますが、その切り替え方法もA3用紙を使って「接続切り替え概要図」（**「A3用紙に描く図の簡易サンプル」p.21参照**）として図解し、接続ルートなどを確認します。移行リハーサル時の切り替え、切り戻しもあり、こういった接続切り替えは1回のシステム移行において何回か実施します。

置き換える範囲と使い続ける範囲を
まずは明らかにする

　システム更改プロジェクトでは、メインとなるハードウエアを更改しても、すべてのハードウエアを一斉に更改することはまれであり、一部システムは継続利用することが一般的です。ですから、移行計画の作成に当たっては、システム構成全体を把握し、ハードウエアを置き換える範囲と使い続ける範囲をまずは明確にする必要があります。

　ハードウエアを入れ替える範囲は、現行システムから新システムにデータ移行することを中心に計画を立てます。一方で継続してハードウエアを使い続ける範囲は、更改で置き換わるシ

第8章　システム移行の鍵は計画の具体化と品質の積み上げ

ステムとの接続をどのように切り替えるかを中心に計画を具体
化します。

　ハードウエアを入れ替える範囲はシステム更改の中心である
ことが多いため、プロジェクトでは当たり前に意識されますが、
ハードウエアを使い続ける範囲は比較的ほったらかしにされて
しまい、検討が漏れがちです。特に、「更改プロジェクトのメ
インとは関連が薄い部分」や「他の開発ベンダーが開発したシ
ステム」などは要注意です。こういったシステムは本当に気が
つきにくく、検討内容に漏れが生じやすいものです。

　移行品質を積み上げるには、ハードウエアを入れ替える範囲
はデータ移行の視点でのテスト計画、ハードウエアを継続利用
する範囲はシステム切り替えの視点でのテスト計画を検討する
必要があります。また、それらを最終的にまとめて移行全体を
確認するテスト計画も検討する必要があります。これらを移行
計画の中で明確化します。

システム移行は3つの視点で考える

　システム移行は3つの視点で検討します。それは、「システ
ム環境移行（ハード入れ替えと接続切り替え）」「データ移行」「ア
プリケーション移行」です。

158

システム環境移行（ハード入れ替えと接続切り替え）

ハードウエアの入れ替えと、連携対象システムの接続切り替えを検討する領域です。ハードウエアの入れ替えにより置き換えるシステムであれば、新規設置するハードウエアの設置、環境構築の計画を具体化します。継続して使い続けるシステムの場合には、現行システムから新システムに接続先を変更する方法を具体化します。

データ移行

ハードウエア更改対象のシステムについて、現行システムからの業務データの移行を具体化します。媒体渡し、装置共用などのデータ移行の方式、データフォーマットの変換方法、実運用に即したデータ移行のタイミングを具体化します。

アプリケーション移行

アプリケーションは、現行システムのアプリケーションを基に、機能追加要件に応じた改造を施し、新システムに移植することが一般的です。新システム側の改造と並行し、現行システム側での機能追加も並行して実施する場合には、その機能追加の新システム側での取り込みも検討する必要があります。具体的には、どの時点のアプリケーション資産を基に新システム側に必要な改造を実施するか、その後の現行システム側の機能追加をどういったやり方で新システムに取り込むか、といったこ

第8章　システム移行の鍵は計画の具体化と品質の積み上げ

とを検討します。

　大規模なデータベースを保有する基幹系システムであればデータ移行中心に考えるべきで、中継系のシステムあればハード入れ替えと接続切り替え中心になるでしょう。こうしたシステム特性のほか、機能追加要件の大小によって、3つの視点の検討の比重は変わってきます。ただ、この3つの考え方に分類して考えると、システム全体、プロジェクト全体を網羅してシステム移行を捉えることができます。私がITアーキテクトの上司に教わった考え方ですが、わかりすい考え方なのでずっと意識するようにしています。

要件定義工程から移行計画の検討を開始する

　移行方針は、要件定義完了時点で明確にしておく必要があります。例えば、データ移行方式において、装置共用によるデータ移行を採用するのであれば、それを前提としたハードウエア構成、工事計画とする必要があります。また、すべてのハードウエアを入れ替えるのでなければ、更改する範囲と使い続ける範囲の接続切り替えをどのように実施するのか、ネットワークも含めたシステム構成と密接に関係します。したがって、その切り替え方式の概要は、要件定義で方針を決めておかないと、その後のシステム構成設計において手戻りの要因となります。

160

システム更改の開発期間中に現行システムに機能追加する場合、現行システムと新システムの両方を変更する必要があります。そうしなければ、その機能がシステム更改後に継続して提供できないからです。しかし、こういった対応をするとしても、システム更改に伴うリスク低減を目的として、一定期間、機能追加しないのが一般的です。アプリケーションの移行方針は、現行システムの機能追加計画も考慮する必要があります。

　システム移行時に業務停止を伴う場合、システムの利用者に業務停止の期間や内容をあらかじめ周知する必要があります。銀行の勘定系システムのように多くの一般消費者が利用するシステムの場合、その周知も広範囲にわたるため、周知期間も考慮したお客様調整が必要となります。こうした、本番システム移行に関わる業務停止などの制約も、要件定義でお客様と合意しておく必要があります。

移行リハーサルで全手順の確認を目指す

　システム移行において実施するデータ移行、接続切り替え、本番運用では実施しない特殊手順などは、すべて作業手順を作成し、その手順に沿って作業を実施します。作業実施手順の妥当性といった作業品質が、移行本番時の品質を左右します。すべての移行作業手順を移行本番前に確認できれば、移行品質を

第8章　システム移行の鍵は計画の具体化と品質の積み上げ

向上させることができます。そのためには、現行システムと新システムの両方ですべての移行手順を分類・体系化し、移行テストでの確認状況を把握し、その達成度を管理します。そうすることによって移行品質を把握できるのです。

　ここでの移行手順には、移行そのものの手順だけでなく、移行に伴い実施する特殊手順、つまり通常運用では行わないすべての手順を対象に含めることがポイントです。こういった手順は見落としがちで、担当者任せになってしまうことが多いので注意すべき点です。また、確認状況の把握においては、テストと本番を比較し、まったく同一の環境でその手順を確認できているのか、一部異なる場合には、その差異がどのように移行本番時の作業品質に影響するのかも合わせて把握する必要があります。

　これはシステムテストの再現性と同じで、移行本番に即してその手順を実施して問題なければ、移行本番も問題になることはありません。処理の走行環境、実施タイミングなど、すべてが移行本番と同じかどうかを確認するのがポイントです。

　私が以前担当したシステム更改プロジェクトでは、作業品質が安定せず、手順誤りのエラーが移行リハーサルのたびに発生しました。そのエラーも移行リハーサルごとに収束すればいい

のですが、移行リハーサルのたびに手順がどんどん追加・変更されてしまったのです。このときは関係者にヒアリングし、全部の手順を洗い出し、その確認状況を棚卸ししました。また、未確認のものについては、移行本番までに確認計画を明らかにしました。

　作業品質を高めるために移行テストやリハーサルを繰り返すのが一般的であり、確認済みの手順も何らかの要因で変更となる場合があります。そのため、一定の品質に達した段階で、移行手順の改版を管理します。そうしないと、確認済みの手順が移行本番に向けて変更されていないことを担保できなくなるからです。改版を管理するには、手順の貸し出し、返却といった手続きが必要となるので、現場の作業負荷を高めてしまいます。作業品質向上の視点からすれば致し方ないのですが、現場からは反発を食らいます。そのため、改版管理をあまり早く始めると効率が下がり、あまり遅いと作業品質の向上策をプロジェクトとして実施できなくなります。どの段階から何を対象にするのかは、プロジェクトの状況を見ながら慎重に決める必要があります。場合によっては、主だった手順や、確認が十分にできている手順から段階的に開始することもあります。

　すべて移行本番時と同様の環境で確認済みであることが理想ですが、手順によっては、まったく同一の環境で確認できない

163

第8章 システム移行の鍵は計画の具体化と品質の積み上げ

ことも想定されます。例えば、移行テストやリハーサル時は、現行システムは本番稼働中であるため手順を確認できないことがあります。その場合は、未確認であることを前提とした本番時の検証手順を確立する必要があります。「なし崩し的に移行本番まで何も確認できませんでした」とならないよう、事前に代替策を検討し、移行本番時のリスク要素を洗い出します。

サブシステム間の接続ルートを網羅し、切り替え方式を検討

一般にシステム更改では、ハードウエアを入れ替える範囲と使い続ける範囲があるので、システムの接続切り替えを考える必要があります。この接続切り替えは、ケーブルの差し替えといった物理的にルートを切り替える方法や、接続先アドレスの設定変更やNAT（Network Address Translation）といった論理的に接続先を変換する方法など、様々なやり方が考えられます。ここで重要な点は、すべての接続ルートを明確にして、その切り替え方法を漏れなく検討することです。

考慮漏れになりやすいのは、現行システムに戻す方法、システム監視やメンテナンスで使用するシステムの切り替え方法、他ベンダーが構築したシステムとの調整などです。他ベンダーが構築したシステムも含めて、システム構成図を基に対象をす

べて洗い出し、その切り替え方法が検討されていることを確認
します。

　切り替え方式の検討においては、その接続ルートも明確にし
なければなりません。そうしないと、「個別に切り替えが必要
なのにNAT（Network Address Translation）方式としたため、
切り替え対象外のシステムまで切り替えてしまった」といった
ことになりかねません。接続ルートごとに、どの機器で変更す
るかを関係者と共有することが必要です。ネットワークを共有
しているすべてのシステムを対象に、A3用紙に「接続切り替
え概要図」を記載することでその切り替え方式の概要を整理し、
個別のシステムの切り替え方式を検討すれば、誤認識を防ぐこ
とができます。

システムテストと移行リハーサルの両面で 移行本番を想定

　接続対象システムとの接続確認は、システムテストにおいて
実施します。つまり、新システムでの接続になります。ただし、
移行本番を想定した場合、移行手順に沿って切り替えを実施し
た上で、切り替え後の接続に問題がないか、一連の流れで確認
する必要があります。

165

第8章　システム移行の鍵は計画の具体化と品質の積み上げ

　この確認をしていないと、システムテストでの接続テストは問題なかったが、システムテスト時の切り替え手順と移行時の切り替え手順が異なっていたために、移行時の手順で切り替えた場合、接続できなかったといった事態になりかねません。

　方法としては、システムテスト時の切り替えを移行時の切り替え手順により実施するほか、移行リハーサルにおいて、切り替え手順を実施した後、その接続確認を接続先との変更レベルに応じて実施する方法もあります。変更レベルとは、①物理的な接続ルートの変更、②データフォーマットの変更、③プロトコルレベルの変更のことを指します。

　移行本番時を想定して、他の移行作業も含めた一連の流れで問題ないことを確認するのがポイントで、それにより、移行手順に誤りがないかどうかを確認できます。また、移行リハーサルでの確認内容を踏まえて、移行本番時の最終接続確認の方法も併せて検討します。

パラメーターとDBでは
異なるデータ移行となる

　データ移行の対象データは、その特性に応じて2種類に分けて考えます。1つは、移行本番に先立ち、現行システムのある

時点の状態を新システムに設定し、その後の変更内容を順次新システムに反映していくデータ。もう1つは、ある時点の最新状態を移行するデータです。

　前者は業務処理に関わるパラメーターなどが該当します。あるタイミングで現行システム側の変更内容を新システム側に反映します。移行リハーサルの都度反映するのが一般的かもしれません。また、これらのパラメーターは、新システム側での業務処理にも影響するため、システム更改時のリスク低減の観点から、システム更改に先立ち、現行システム側の変更を規制する期間を設け、それ以降は新システム側のパラメーターを変更しないことも考えます。

　後者は、勘定系システムの元帳データベースなど、業務処理に応じて内容が都度変更されるものが該当します。移行リハーサルの都度、その時点の最新の状態を移行し、その手順を確認します。

　これらは移行計画においてスケジュールに展開し、どの時点で何を最新化していくのか、そのタイミングを明らかにする必要があります。新システム側でのシステム基盤構築とも整合してタイミングは決定しなければなりません。後者は、データ移行のメインとなる分野なので漏れることはまずないと思います

が、前者は対象が多岐にわたるため漏れがちであり、これが本番時のトラブルにつながります。基盤構築時に現行の値を初期設定したまま、その後の変更が取り込まれていなかったといったミスは起こりがちです。

　データ移行においては、主要な（気づきやすい）業務データだけでなく、業務処理に関わるパラメーターも意識して、その対象の洗い出しと、新システムへの移行手順を明確にすることがポイントです。

特別な運用は見落としやすい

　データ移行などは重点的に管理されますが、移行対象はそれだけにとどまりません。例えば、「新システム移行後のバッチ日次処理の特別な運用」「月次や期次で実施する処理に関連した特別な運用」「外部システムとの連携に関連した特別な運用」など、通常運用では実施しない特別な運用も移行手順であり、その手順をプロジェクトとして管理すべきです。こういった特別な運用手順は見落としやすく、管理がずさんだと作業シーケンスにも記載されず、誰がそれをやっているのかもわからないといった状態になりかねません。

　以前、もともとがテスト用であったため移行手順として管理

されておらず、移行リハーサルでのトラブルにつながったことがありました。それまでは担当者が個別に実施していましたが、作業時の体制変更によってリスクが顕在化したケースです。このケースを受けて同様の問題がないかどうかを調べたところ、他にもいくつかこういった経緯で管理対象外となっていた手順が見つかりました。当初はテスト固有と考えていた手順が、いつの間にか移行手順として必要なものとなり、それが管理対象となっていませんでした。必要となる手順はすべて管理しなければなりません。移行リハーサルでの全手順の確認は既に説明しましたが、その洗い出しにおいて、こういった手順も意識し、移行リハーサルでの確認を実施しなければなりません。ここを徹底しないと作業品質は高まりません。

移行テストと本番では日付が異なる

　現行システムから移行してくるものだけでなく、システム運用に関わる日付やスケジューラーなど、何かしらの初期設定を行い、移行本番を迎える資源もあります。例えば、業務やシステム運用に関わる世代の設定が該当します。現行システムから世代を引き継ぐ必要があるのか1世代からでよいのか、また、日付やスケジューラーなどは、移行本番時のシステム稼働が通常稼働なのか特別な稼働なのか。新システムでは、それらを考慮した初期設定を実施する必要があります。

第8章　システム移行の鍵は計画の具体化と品質の積み上げ

　システムテストの章でも説明した通り、移行設計で新システムの初期設定を明らかにし、システム移行後の運用の妥当性を移行テストやリハーサルで確認しなければなりません。ただし、事前に設定の妥当性を確認するのは難しいのが実情です。

　例えば、移行テストやリハーサルと本番では、一般に日付が異なるので、まったく同じ状況を作ることが難しいからです。移行設計においてどこまで妥当性を確認できるかを検討し、移行テストやリハーサルと移行本番を極力同じやり方にして、リスク低減を図るべきです。

移行リハーサルでは、体制・連絡ルートの妥当性も確認

　大規模システムの移行であれば、お客様経営層を含めた移行判定がなされ、お客様も含めた移行体制が敷かれます。また、開発ベンダーとお客様が連携して、移行作業の進捗状況を管理することになります。

　移行リハーサルにおいては、システム面の確認だけでなく、移行本番を見据えて、想定している体制において、誰が誰にどのタイミングで何を報告するのかといった、連絡にかかるタイミング、ルート、内容の確認も実施し、進捗報告の粒度、頻度

が妥当なのかを確認しておく必要があります。また、事務的なことですが、判定会議を開催するのであれば、その開催場所、テレビ会議、対面といった開催形態も、移行本番時に無用な混乱を招かないように決めておく必要があります（**図8-1**）。

　ただし、こういった確認が移行リハーサルの初回からすべてできるかというと、それは現実的でないと思います。移行手順の確認といった段階から順番に積み上げていって、一番後にこ

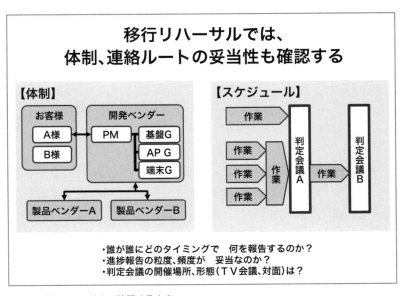

図8-1 移行リハーサルで確認する内容

第8章　システム移行の鍵は計画の具体化と品質の積み上げ

ういった点も確認し、移行本番に向けた準備完了というシナリオを事前に描いておくことが重要です。

作業時間の検証を通じて
チェックポイントを確定

移行作業時のお客様との進捗管理においては、複数のチェックポイントを設けて、その時点での作業状況が予定通りかどうかを判断します。移行リハーサルでの作業時間の検証を通じて、チェックポイントの時間と確認内容を精緻化する必要があります。処理時間の検証ができれば、チェックポイントの時間を大まかに決められます。また、作業シーケンスが確定すると、そのチェックポイントで確認する内容が決まってきます。この段階でチェックポイントの時間と確認内容を確定させ、移行リハーサルでお客様とともに確認します（**図8-2**）。

移行本番時の進捗管理をより精緻に実施するために、極力同じ状態で移行リハーサルを実施します。私は、移行計画を変更し、移行本番の作業シーケンスを、移行リハーサルのそれと同じにした経験があります。移行計画では、現行システムと新システムの装置共用の制約から、移行リハーサルと移行本番の作業シーケンスは違った手順にする計画でした。具体的には、ディスク装置を切り離すタイミングが、移行リハーサルと本番では

172

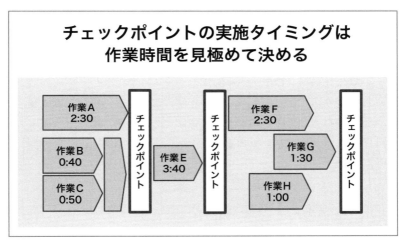

図8-2 チェックポイントを決める際の考慮点

異なっていたのです。

　しかし移行リハーサルを繰り返す中で、お客様と実施するチェックポイントも精緻化されてきていたため、変更することによって、移行本番時に混乱する可能性があると考え、作業管理の混乱をなくすために移行リハーサルと同じにしたのです。これは悪い例だと考えています。極力こういったことがないよう、移行リハーサルと移行本番は同じ作業シーケンスで実施できるように検討します。

第8章　システム移行の鍵は計画の具体化と品質の積み上げ

移行リハーサルごとの到達点を明確化して品質を積み上げる

　移行品質は、移行本番に向けて移行テストやリハーサルを何度か繰り返すことによって高めます。このとき、移行品質は順番に積み上げることがポイントです。そのため、積み上げ順序に従って、あらかじめ到達点を定め、それを中間地点の目標にします。

　では、移行品質の積み上げはどういった順番なのかというと、まず、移行処理のためにはアプリケーションの開発も必要になりますから、そのアプリケーションも含めた移行処理の品質を安定させます。次に人が実施する作業手順、作業シーケンスを確定させ、作業品質を安定させます。そのあと、作業時間（システムの処理時間＋人の作業時間）を確定させます。最後に移行スケジュール全体の精査をし、お客様を含めた体制、連絡ルートを確認します。

　なぜその順番なのか。それは、逆にたどると明らかです。移行処理の品質が安定しない状態だと、作業手順、作業シーケンスを確定できません。作業手順や作業シーケンスを無理に決めたとしても、移行処理の方式が変更になれば、修正が必要になります。移行処理の品質、作業品質が安定しないと、作業時間

174

（システムの処理時間＋人の作業時間）を確定できません。

　移行処理が安定すれば、処理時間はわかります。ですが、それを前提にどういった検証をするのかも含めた作業内容を確定しなければ作業時間を確定できません。当然、人がいなければ作業ができませんから、作業時間を確定するためには、作業と検証のための要員の配置をどのように段取りするのかといったところも確定する必要があります。

　作業時間が確定しなければ、移行スケジュール全体の精査ができないため、いつチェックポイントを設定し、そのチェックポイントで何の確認をするのかが決められません。したがってその状態で、お客様を含めた体制、連絡ルートの確認をしたところで意味がありません。

　このように移行品質の積み上げには順序があるので、順序立てて、移行テストやリハーサルごとに何を本番時の品質レベルとするのかを明確化します。そしてそれを移行リハーサルごとのキックオフミーティングなどでプロジェクト全体に周知し推進していきます。長い道のりです。途中の到達点を明らかにすることが、効率的な移行品質の積み上げと関係者のモチベーションの向上につながります。

第8章　システム移行の鍵は計画の具体化と品質の積み上げ

段階移行が必ずしも
リスク軽減になるとは限らない

　移行リスクを軽減するために、段階移行を採用することがあります。段階的に移行することで、移行が失敗した場合の影響範囲を限定できます。しかし、段階移行はそのデメリットも考えるべきです。例えば、外部システムとの連携においては、段階移行する対象に応じて、外部システムから受け取るデータを現行システムか新システムのどちらかに振り分ける必要があります。さらに、外部システムに送るデータは、現行システムと新システムのそれぞれから出力されたデータをマージする必要があるでしょう。

　新システムが本番稼働前であれば、移行リハーサルでの新システムを使った確認は自由度が高いですが、段階移行の最初のステップが完了して、一旦新システムが稼働すると、その確認は新システムでの本番稼働に影響を与えない範囲でしか計画できません。つまり、移行リハーサルでの確認に制約事項が発生します。

　以前担当したシステム更改で、段階移行を経験しました。移行対象システムを利用しているユーザー企業（金融機関）は複数あり、その一部ユーザー企業を先行して新システムに移行し、

残りを後からまとめて移行しました。このケースでは、外部システムとの連携において、新機能の作り込みなど特別な運用手順が必要となりました。例えば、口座振替のデータはまとめて送られてくるので、移行していない企業は現行システムに、移行している企業は新システムに振り分けて処理しなければなりません。もちろんそういった振り分け機能はもともとありませんので、移行に伴い新しく開発しました。

　また、口座振替を実施して、その結果を返す際、現行システムと新システムのデータをマージして返す必要があります。こういった機能の開発や手順の整備ももちろん大変ですが、その前段階で、その仕様調整を各接続先と実施しなければなりません。この仕様調整にもかなりの労力がかかるという現実的な問題もあります。一部ユーザー企業が移行した状態で、現行システムの運用が問題なく継続できるかも確認する必要があります。

　別のケースでは、段階移行と一斉移行を比較検討し、一斉移行を選択しました。複数の金融機関が利用する共同システムの更改において、営業店端末の通信を制御するサーバーを、金融機関の本部からセンターに集約する案件でした。センター側の更改に合わせて、100台以上のサーバーを一斉にセンターに集約しました。「段階的に実施すべき」という意見もありましたが、この案件では、対象サーバーだけでなく、接続先となるメイフ

177

第8章　システム移行の鍵は計画の具体化と品質の積み上げ

レームと接続に利用していたネットワークも同時更改でした。

　つまり、更改後に使用する新システムの本番環境を一式準備できるので、一斉移行すれば、端末からセンターのメイフレームまで一気通貫で接続確認テストを実施することが可能でした。実際に利用されている金融機関のお客様にも新システムの本番環境で取引確認してもらえるメリットもありました。段階移行の場合、センターの新システムが稼働した後、順次該当サーバーのみ移行することになるため、個々の切り替えの対象範囲は限定されますが、本番環境での事前の確認はできず、ほぼ本番一発勝負になります。

　一斉移行すれば、対象範囲が広くその分リスクは大きいですが、本番環境での事前確認が可能です。段階移行すれば、対象範囲は狭くなりますが、本番環境での事前確認ができず、それがリスクとなります。この2案を比較し、本番環境で事前確認できる一斉移行を採用しました。段階移行を否定するわけではありませんが、段階移行の採用においてはメリットとデメリットをよく見極める必要があります。メリットは、移行対象を限定することでリスクを局所化できること。デメリットは、現行システムと新システムが並行稼働することに伴う対応、新システム本番稼働後の移行確認の制約です。

178

第 9 章

ITアーキテクトの心得

第9章　ITアーキテクトの心得

　ここまではシステム開発プロジェクトの工程に沿って、それぞれの工程において実施している具体的な取り組みを説明してきました。最後の9章では、工程によらず、プロジェクトメンバーやお客様との円滑なコミュニケーション、技術スキル向上などを目的に、ITアーキテクトとして普段から心がけていることを説明します。

ドキュメントに残せば
すべて伝わるわけではない

　設計内容をドキュメントに書くのは当然ですが、すべてを漏れなく記載するのは骨が折れます。特に基盤系はミドルウエア（ソフトウエア製品）など複数の構成要素が絡み合っているので、わかりやすくドキュメントに残すにはそれなりのノウハウが必要です。そのように苦労して作り上げたとしても、すべての関係者が漏れなく設計書の内容を読み込んで理解してくれるとは思わないほうがいいです。

　例えば、皆さんが新しいスマートフォンを購入した場合、取り扱い説明書を隅から隅まで読まないですよね。わからないことがあれば確認する程度だと思います。また、ミドルウエア（ソフトウエア製品）の機能を多数利用しているような場合、製品そのものの知識が必要になる場合もあり、読み込むことでどこ

180

まで理解できるかは、読み手の技術レベルに左右されることもあります。

　読み手は、ある機能の処理方式を理解したら、似たような機能であれば、同じような処理方式で動作しているだろうと想定するものです。したがって、基本的なアーキテクチャーの考え方に沿って、同じような機能を同様の処理方式で実現していれば、機能追加やトラブル対応時に誤認識しなくなります。

　トラブルの原因として仕様の考慮漏れがよくあります。考慮漏れをなくすために多数の項目をチェックするより、そもそも考慮漏れを起こさないような理解しやすいシステムにすること。それが根本的かつ前向きな対策だと思います。同一機能は同一処理方式で実現する。例外を極力作らない。シンプル・イズ・ベストです。複雑なアーキテクチャーで多数の例外を作り込み、それをドキュメントに詳細に説明することに力を注ぐよりも、担当するシステムの原理・原則に従って、想定しやすいアーキテクチャーを構築することに力を注ぐべきです。

何よりも「わからない」ことに対してお客様は怒る

先進的かつ実現可能な素晴らしいシステムの提案であっても、

181

第9章　ITアーキテクトの心得

お客様にその良さをわかってもらえなければ意味がありません。私も以前、実現する機能の素晴らしさだけをお客様に一生懸命説明して、まったく響かなかった経験を何度もしました。「機能はわかったけど、で、何なの？」という状態です。

　お客様にとって具体的に何が良くなるのか、そのための費用はどれぐらいかかるのか、結局お客様が気にされるのはそういうことです。機能が素晴らしいのは、それはそうなんだろうけど、では具体的にお客様にとって何が良くなるのかを訴求できていないので、半分しかITアーキテクトの役割を果たしていないと思います。

　お客様にとってよくわからない内容を一生懸命説明すればするほど、お客様の気持ちは冷めていき、貴重な時間をムダにされたことで怒りにもつながりかねません。業務要件や技術動向を基に良いものを導き出すことはもちろん重要ですが、システム開発を生業としているのであれば、その良さをお客様に訴求し、理解してもらえなければビジネスとして成り立ちません。

　故障報告も同じです。故障自体に腹が立っているところに、よくわからない説明をされれば、さらに怒りが増します。故障報告時のお客様の怒りは、故障そのものに対する怒りと、よくわからない説明への怒りの掛け算です。

故障報告に行って、最初からものすごく怒っていることはあまりないと思います。ただ、説明すればするほど、だんだんお客様の怒りが増してきたという経験をしたことがないでしょうか。故障の原因がお粗末で怒っている場合もあると思いますが、説明内容がわからなくて怒りを増しているケースのほうが多いものです。

　「わからない」ことに対してお客様は怒る。その点に留意して、提案にしても故障報告にしても、ドキュメントを作成したり説明したりしないといけません。どうすればお客様にわかってもらえるかを意識することが大切です。

わからなければマシンに聞いてみる

　技術スキルを身につけるために重要なことは、実際にマシンでバッチ処理を起動したり、端末からオンライン取引を実施したりして、マシンの挙動を肌で感じることです。実際に処理を動かしてみなければ、わからないことは多いものです。想定外の挙動に対して、なぜそうなるのかを究明することで、システム内部の理解が進みます。挙動を理解→マシンを操作する→想定外の挙動に気づく→その理由を究明する→新たな挙動を理解する、この繰り返しです。この繰り返しを続けていれば、マシンの挙動が自分の想定と外れることが少なくなってきます。開

第9章　ITアーキテクトの心得

発/維持においては、単なるオペレーターとして作業するのではなく、システムがどうやって動作しているのか考え、想定しながら実施します。

　開発におけるテストは、マシンでの動作確認を通じて、「机上の空論」を「機上の検証」に置き換えていくことです。システムは人が作るものですから、動かして確認してみないと確証は持てません。そんな不確実な状態のものをマシンに聞いて確実な状態のものにしていくことで、品質を確保していきます。「マシンに聞いてみる」ことの延長にテストがあるのだと思います（**図9-1**）。

　トラブル解析も、ある想定に基づいて、想定通りの動作をシステムがするかどうかを確認し、想定と違う動作の原因を探る

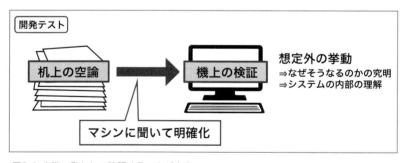

図9-1 実際に動かして確認することが大事

ことになります。想定するためには、正常時のマシンの挙動を把握しておく必要があります。製品であってもプログラムの固まりであり、人が作ったものです。普段から注意深くマシンの挙動を把握しておけば、製品仕様は自ずと想像できます。

少し話はそれますが、以前先輩に言われた忘れられない言葉があります。それは、「プログラムがデータ例外のエラーで異常終了して原因がわからないなんて信じられない」という言葉でした。メインフレームでは、プログラムが実行中に異常終了すると、その原因を判別するための診断資料として、プログラムに関連する仮想記憶域をダンプして出力する機能があります。

出力されたダンプリストを解析することで、異常終了の原因を調べます。異常終了には複数の種類がありますが、データ例外のエラーは、比較、または、演算対象の項目の属性に関するエラーです。つまり、この仮想記憶域のダンプとプログラムのソースリストを見比べて調査すれば、どこのロジックでどのデータを使用した時に異常終了となったのかが必ずわかります。

ただ、このダンプリストは、16進数の文字列の並びですから、どこにどんな情報が出力されているかは、それなりの知識がなければパッと見ただけではわかりません。当時私は解析できませんでした。でもマシンは必要な情報を出しています。解析で

第9章　ITアーキテクトの心得

きないのは自分の技術力が足りないからです。このとき、「マシンに聞いてみてわからないことなんてない」と得心しました。マシンは必ず答えを出しています。問題はそれを解析できるかどうかです。

　マシンが出力するダンプやシステムログは、すべて有効な情報です。これらの情報を使いこなせるようになるまで、マシンに聞いてみることを繰り返します。そうすれば、内部の挙動をきっとつかめるようになるはずです。

課題と技術動向の両方を
ストックしてひも付けする

　「さぁ新システムを企画・提案するぞ」となった段階で、初めて現行システムの課題を抽出し、技術動向の調査を始めても、すぐには提案書を作ることはできません。普段の日常業務の中で、アーキテクト視点で課題を認識しておかなければ、課題なんてすぐには出てきません。

　特にアーキテクチャー面の課題はそうです。例えば、機能追加時の柔軟性のなさから拡張性の課題に気づいたり、トラブルからシステムの作りの悪さに気づいたりといったように、日常業務を遂行する中で、アーキテクト視点で現行システムの課題

186

を認識しておくことです。提案段階でパッと思いつくといったことはありません。

　技術動向も、普段からの情報収集が重要です。すぐには役立てることができない技術であっても、幅広く情報を集め、課題解決に資するかもしれない技術情報のストックを持っておくべきです。利用している製品の最新動向やロードマップは確実につかんでおくべきですし、利用している製品にこだわらず、大きな技術トレンドも押さえておくべきです。また、日常業務を通じて抽出したアーキテクト視点での課題のどこに利用できそうか、あたりをつけながら情報収集するとより使える情報になります。

　これらの日常業務から抽出した課題と技術情報のストックをより多く持っていることが重要です。日常業務では恐らく技術情報を得ても、漠然と「こんなふうに使えるかな」といった程度にしか考えられないと思います。そこで、システム更改など大規模なアーキテクチャー変更が可能なタイミングの企画・提案において、抽出した課題と技術情報を具体的に対応づけ、その実現に向けて検討を深めます（**図9-2**）。

　アーキテクチャー視点での課題解決は、個々の課題への個別対応ではなく、個々の課題の根本にある共通的な課題を識別し、

第9章　ITアーキテクトの心得

現行システムの課題	日常業務を遂行するなかで、アーキテクト視点で課題を認識する。
技術動向	幅広く情報を集め、課題解決に資するかもしれない技術のストックを持っておく。

図9-2 現行システムの課題と技術動向をひも付ける

それを解決する取り組みとしなければなりません。

技術者としての悔しさをバネに成長する

ITアーキテクトが最後の砦であることは先に説明しました。最後の砦であるならば、ITアーキテクトはトラブル解決、新システムの方式策定などにおいて、そのプロジェクトで絶対的に頼られる人でなければなりません。詳細はともかく方針を見いだすことができないと、存在意義がありません。ITアーキテクトも広い意味では技術者です。技術者であれば、技術力で勝負できなければ負けです。

「わからなければマシンに聞いてみる」で一例を挙げましたが、私も過去、自身の能力ではトラブル解決の糸口すら見つけられなかったり、要件定義やシステム基盤設計の不備からテストで

トラブルを多発させたり、提案した新たなアーキテクチャーの良さをお客様に訴求できず構築するに至らなかったりといったような、悔しい思いを多々してきました。その質は変わりましたが、今でも続いています。担当するシステムの技術面全般において、この悔しさから逃げられない（他の人に転嫁できない）のがITアーキテクトだと思います。ITアーキテクトは、技術者としてこういった悔しさをバネに成長できる人間でなければなりません。

自身の成長と担当するシステムの成長をシンクロさせる

　システム構築は常に理想をかなえられるわけではなく、品質確保上の制約や技術面の制約から、その時点での最適解が選択されます。したがって、現状のシステム構成は、部分最適の対応が積み重なった結果です。現行システムを可視化して課題を抽出するに当たっては、「なぜそうなってしまったのか」という歴史的な背景を知っておくと、その制約自体が課題につながるので、有効な課題抽出ができます。

　現状の技術動向に照らして、過去の制約に対する課題解決の方向性を見いだし、部分最適になっていたシステムを全体最適にするのは、ITアーキテクトの最も大事な仕事であり、システ

第9章 ITアーキテクトの心得

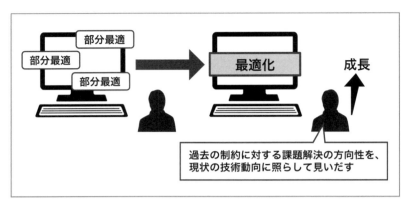

図9-3 システム更改のタイミングで最適化を図る

ム更改がその実施タイミングになります。例えば、当時はある制約を守らなければならない理由があったが、今はもうその理由がなくなっているのであれば、その制約はなくして考えればよいわけです（**図9-3**）。

機能追加時の影響範囲の局所化といった理由から、同一機能でありながら共通化せず、流用新規として切り出して機能追加していることもあります。どうしてその時にはそんなやり方を選択したのかを理解し、現時点で考え直せば、システムの最適化につながります。

新しい技術がどんどん出てくる。そして自分もそれを覚えて

使えるようになっていく。使えるようになれば、担当するシステムに適用してシステムを成長させる。一旦機能追加したものを全体最適の視点で再構成する。その時々の技術動向に照らして、ITアーキテクト自身の成長とシンクロして、システムも成長する（システムが最適化される）のが理想だと思います。

目利き力を養う

　信頼性を特に重視する必要があるとか、拡張性を優先する必要があるとか、一番はローコストだとか、システムはその求められる特性に応じて重視すべき品質要素が違うので、最適な技術を適材適所で使わなければなりません。適材適所で使えるようになるには、日々できるだけ実績などを含んだ実践的な情報を収集し、目利き力を養っておくことです。実践的というのがポイントで、集めた情報を使える情報に変えることが重要だと思います。広範囲な技術の目利き力を1人で蓄えることは非常に難しいので、各分野の信頼できる有識者を巻き込むのも1つの方法です。

　技術は日進月歩ですから、今日の制約が明日もそうとは限りません。例えば、私が担当しているシステムのメインフレームOSでは、論理ボリュームの最大容量は20年以上にわたって拡大されませんでした。しかし、ハードディスク容量（物理的な

第9章　ITアーキテクトの心得

ディスクドライブの容量）が増加し続けた結果、最近になって
ついに拡大されました。これは極端な例ですが、製品の進化に
よってその制約は日々変わってきています。ですから、大規模
なアーキテクチャー変更が可能なシステム更改においては、現
行システムで前提としている制約事項を洗い出し、技術的に解
消する方法がないかを必ず確認しなければなりません。そのた
めには、目利き力を養い、課題となっている制約事項と技術動
向を結びつけられなければなりません。担当のシステムが採用
している製品の情報だけでなく、他ベンダーの製品の情報も集
めて比較することも、目利き力を養うことにつながります。

ITアーキテクトは町医者

　技術の進化に伴って、技術者が知らなければならない知識や
経験が広くなり、また変化が激しくなってきています。開発プ
ロジェクトを進めるに当たっては、すべての知識や経験を万遍
なくカバーするのは難しいので、分担を考えなければなりませ
ん。一方で各技術をただ寄せ集めても最適なシステムにはなり
ません。誰かがコーディネートしなければなりません。それは
ITアーキテクトの役割に他なりません。

　医者を例に説明します。町医者は、たいていの病気や怪我を
診察して治療します。ITアーキテクトも同じように、すべての

領域においてある程度の知識を持ち、そこそこの規模の開発であれば、ITアーキテクトだけでこなせなければなりません。

　一方、専門的な治療が必要な病気だとわかったら、町医者は、大学病院の専門医と連携します。システム開発も同じで、大規模ミッションクリティカルなシステムなど、より専門的な知識が必要であれば、ITアーキテクトがコーディネートして、専門医であるスペシャリストと連携してシステム開発を進める必要があります。

　この町医者とITアーキテクトのたとえは、社内WEBサイトに掲載された先達のITアーキテクトのインタビューで知りました。読んでみて、私もまさにその通りだと思いました。技術領域の広さと、複数の技術領域をつなぐ実践的な知識。それらがITアーキテクトとして活躍するために重要な要素です。

　ITアーキテクトが町医者であるなら、課題が発生すれば、ハードウエア、ミドルウエア（ソフトウエア製品）、業務アプリケーション、運用対処など、複数の視点から最も効果的な策を導き出せなければなりません。業務アプリケーションの改造ありきではなく、着眼大局でいろいろな視点から問題の解決方法を考えていくことが必要です。そのためには、それぞれの分野に精通したスペシャリストの意見を聞きながら、真に効果のある策

193

第9章　ITアーキテクトの心得

を導き出すことが求められます。

　決め打ちではなく、いろいろな対策を考えます。例えば、製品の機能を利用して解決できないか、ネットワーク構成の変更で解決できないか、パラメーター変更で解決できないか、運用対応で解決できないか。そういった案をITアーキテクトが提案し、専門家に意見を聞いて判断するのです。検討した結果採用する案は、最も効果のある分野の対策を実施する場合もあれば、複数分野の組み合わせで解決する方法もあります。また、解決策の導出に当たっては、お客様要件を正確に把握し、システムの原理・原則に即して、システムの処理方式を再度確認し、あるべき方式に是正する視点も必要です。

あとがき

　IoT、AI、ビッグデータ、Fintechなどがもてはやされている昨今ですが、日本のITを支えているのは、それらの屋台骨となっている大規模ミッションクリティカルなシステムに携わるエンジニアであることは間違いありません。そういったエンジニアに少しでも役立つノウハウを届けたい。その思いが本書を執筆することにした第一の理由です。

　一方で、非常に高い品質レベルを求められる大規模ミッションクリティカルシステムは、時にレガシーシステムと烙印を押され、それに携わるエンジニアには閉塞感があることも事実です。その状況を踏まえ、今回、私自身の取り組みを書籍としてまとめるにあたって、もう1つの思いもありました。それは、大規模ミッションクリティカルシステムの開発や保守運用に汗水を流しているエンジニアの取り組みを書籍として世に出すことで、同じ境遇にいる"仲間"に少しでも希望の光がさせばとの思いです。

　職人気質のITエンジニアが身につけている技は、情報システムで利用する技術や製品が異なっても通用するものです。そうした高度な技を備えたエンジニアが引退してしまうと、技そ

のものが消えてしまいかねません。日本の"職人SE"の技を次代につなげていくことは、日本のSI業界の技術スキルを底上げすることに他なりません。

　普段から後進の育成に取り組んでいますが、自身が実践していることを教えるのに当たり、「なぜ、それをやらなければならないのか」といった点が具体的でないと思うことがたびたびありました。そういった時に本書の執筆のお話をいただき、この機会に自身が実践していることとその理由をまとめてみようと思いました。

　実際に執筆してみると、実践していることは書けるのですが、その理由が最初は自分自身でもよく理解できていないことがたびたびありました。しかし、突き詰めて考えれば理にかなっている理由がそこにはありました。職人SEの技というのは、本人は感覚的にやっていることなのかもしれません。であればこそ、後進にその技を確実に伝承するには、「その理由」をはっきりと示すことによって暗黙知を形式知に変えることが重要なのだと思います。

　本書の出版に当たって、多くの方々にお世話になりました。まず、NTTデータ 広報部の細谷好志広報部長には、本書を出版する機会をいただきました。また、NTTデータ 第三金融事

あとがき

業本部の山本確事業部長、第二金融事業本部の内海智志課長に
は、日経BP社からの私に対するヒアリングに協力いただきま
した。NTTデータ広報部の中田崇志さんには執筆の際の様々
支援をしていただきました。日経BP社の松山貴之様には、何
度も打ち合わせに足を運んでいただき、本の構成から進め方ま
で、教えていただき大変お世話になりました。本書にまとめた
ノウハウを私に授けてくださったのは、これまでの開発プロジェ
クトで苦楽をともにしたメンバーであり、先達のITアーキテ
クトの皆さまです。これらの方々に本当に感謝いたします。

　最後に、本書が読者の皆さまにとって、今後のシステム開発
プロジェクトに役に立ち、日本の"職人SE"の技を次代につな
ぐ一助となれば望外の幸せです。

■著者紹介

春田健治（はるた　けんじ）

NTTデータ　第三金融事業本部 しんくみ事業部 信用組合担当 部長

1993年NTTデータ通信株式会社（現　株式会社NTTデータ）入社。2009年コミュニティバンキングシステム事業本部課長、2015年第三金融事業本部部長

2013年NTTデータ社内資格　シニアITアーキテクト認定、2016年エグゼクティブITアーキテクト認定

ITアーキテクトは
A3用紙に図解する

2016年10月3日　第1版第1刷発行

著　　　者	春田 健治	
発　行　人	吉田 琢也	
発　　　行	日経BP社	
発　　　売	日経BPマーケティング	
	〒108-8646	
	東京都港区白金1-17-3	
装　　　丁	葉波 高人（ハナデザイン）	
制　　　作	ハナデザイン	
編　　　集	松山 貴之	
印刷・製本	図書印刷	

©Kenji Haruta 2016　Printed in Japan
ISBN978-4-8222-3788-2

本書の無断複写・複製（コピー等）は著作権法上の例外を除き、禁じられています。購入者以外の第三者による電子データ化及び電子書籍化は、私的使用を含め一切認められておりません。